空腹時間就是打造健康身體的關鍵

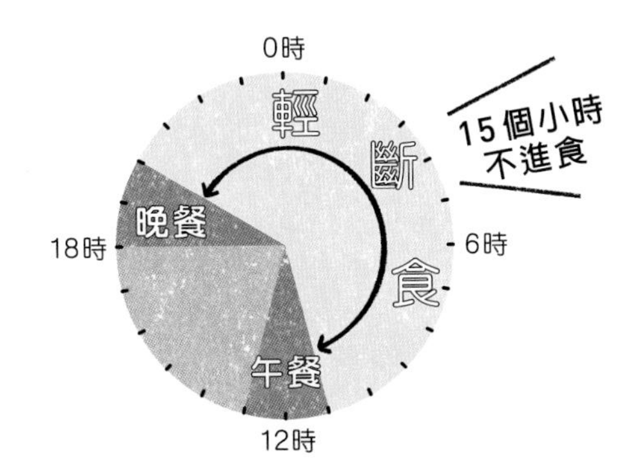

出版菊文化

前言

我自己開始進行減醣飲食的契機，是因為職場中的健康檢查。醫生的生活經常被指摘不健康，喜歡的東西就盡情地享用，又沒有特別運動，就是一個有代謝症候群的中年人。血液檢查結果，三酸甘油酯數值居然超過400，是正常值的3倍！因為膽固醇也高，再這樣下去就非得開始服藥。

因此，覺得應該在三個月內使血液檢查數據回復正常，這才開始認真地將減重列入生活中。

我選擇使用的方法，是阿特金斯飲食法（Atkins diet），與日本稱為減醣飲食非常近似，由美國醫生羅伯特．柯爾曼．阿特金斯（Robert Coleman Atkins）所提出，減少碳水化合物的攝取量，積極攝取蛋白質和脂肪的飲食方法。以前曾經閱讀過的『阿特金斯式低碳水化合物減重』（Robert Coleman Atkins著／滾石文化），很能夠理解接受這樣的理論，因此決定使用阿特金斯式減重。

首先，以此為參考大略地進行減醣，在二個月內成功地大幅減下8公斤。身體狀態也以令人驚訝的程度變好，並且以完成全程馬拉松為設定目標，開始跑步。之後，接受了減醣第一人－江部康二先生的建議，更進一步地減少醣類攝取的飲食，增強改造身體。現在，較最重的時期減少了18公斤，也將身體打造成足以跑完全馬或超馬的狀態，戲劇性地成功變身。

我個人的診療專科是疼痛專科（Pain management）、疼痛治療。提到減醣，大多會立即聯想到糖尿病或減重，但考慮到醣類過剩的飲食生活，其實是引發各種病痛或身體不適的主要原因，所以將減醣列入患者的飲食指導之內。本書所介紹的「低醣×輕斷食」，是用我自己長時間持續減醣的飲食經驗，以及與眾多患者進行飲食指導和諮詢的內容為基礎，建構出最具成效的結論。

我所見過的減醣者，無法順利進行下去的問題點有二項。其一是執行方法的錯誤。

很多人會從主食（米飯）、主菜（菜餚）、配菜（蔬菜或湯）這樣日本典型的菜單中，單純地刪去主食。因為減重的人很多會以蔬菜的菜餚為主，導致陷入熱量不足、蛋白質與脂質不足的狀況。這種情形就是將減醣與極端地限制卡路里劃上等號，使得體力下滑、身體狀況也隨之崩壞，理所當然會受挫。若是控制醣類（米飯等主食），就請務必增加肉類、魚、蛋等蛋白質的菜餚。雖然減醣受到很多醫生們大力的推崇，但卻相當難以推展的原因，其實是因為仍有很多人受限於計算卡路里。本書中建議蛋白質、脂質必須要確實地攝取。

第二個問題點，很多人覺得只要是低醣食品就沒問題，因此加入三餐中、頻繁地在點心或宵夜等食用，無論時間想吃就吃。書中會詳細地解說，肥胖的原因是因胰島素的分泌使醣類形成體脂肪囤積。雖說是含較少醣類的食品，但持續食用，會使胰島素持續分泌，積少成多也會導致減重成果微弱。

書中是以減醣餐食搭配「輕斷食」的組合，藉著輕斷食，打造出不進食時間＝使身體不分泌胰島素，就能更加提升減重效果。雖說輕斷食看似很辛苦，但其實只是不吃早餐，改為飲品而已。早餐，本來就是不吃也可以的程度，因此1日2餐的生活，一旦試過之後意外地舒適愉快。

特別推薦給之前已經挑戰過減醣但無法減重的人、很難達到目標的人、雖然瘦下來但又腹胖的人。容易疲倦、失眠、感覺焦躁、身體不適者，也請嘗試看看。請大家務必將自己的身體調整成窈窕並且強健的狀態。

清水泰行

Contents

低醣×輕斷食
食譜篇

減醣×輕斷食

Q & A

本書食譜的規則

- 1小匙是5ml、1大匙是15ml。
- 製作的火力沒有特別指定時，請以中火烹調。
- 微波爐加熱時間沒有特別標記時，就是600W功率。500W時請將時間調整為1.2倍。
  依照機種或使用年限等不同，多少會略有差異，請視其況進行調整。
- 平底鍋原則上使用 氟鐵龍加工的鍋具。
- 清洗蔬菜、削皮、去蒂等作業步驟，皆省略說明。
- 計算標示的含醣量大約1人份的數值。材料1～2人份時，為2人份、2～3人份時，為3人份，
  依此計算出1人份的數值。
- 正在疾病治療、服用藥物或接受飲食指導者，請先諮詢主治醫生。

減醣×輕斷食

理論篇

首先，來談談關於本書提出的減醣和輕斷食。
所謂的減醣該怎麼做?什麼是輕斷食?
為什麼是輕斷食和減醣的組合?要怎麼瘦身呢?
為什麼對身體有益?從最基本的概念到如何執行，
在此簡單易懂地徹底解說。

理論 1

減醣×輕斷食是人類原本的用餐形態

減醣×輕斷食，從結論而言，就是「不吃早餐改為1日2餐，避免過度攝取醣類的飲食法」。

雖然有很多人覺得不吃早餐對身體不健康，但古代狩獵採集的生活時期，就是起床後不進食，開始為找尋當天的食物奔走，人的身體符合這樣的形態而存在。在歐美進入十九世紀前；日本至江戶時代，都是1日2餐（有各種名稱）。關於減醣也一樣，試想百年前的飲食生活，立即能感受到現今醣類過剩的餐食才特殊吧。

所謂醣類，是從碳水化合物中減去食物纖維的成分，不僅砂糖等甜食，米或小麥等主食類、薯類等澱粉也是醣類。

醣類、蛋白質、脂質並列為三大營養素。蛋白質和脂質，幾乎是打造身體組織的必須營養素，醣類的作用則定位為身體能量。但人類的身體具有將脂質或蛋白質製造轉化成熱量的機制。現代人的餐食，雖然碳水化合物（醣類）占了很大部分，但醣類卻不是必須營養素。

減醣×輕斷食的時間排程表

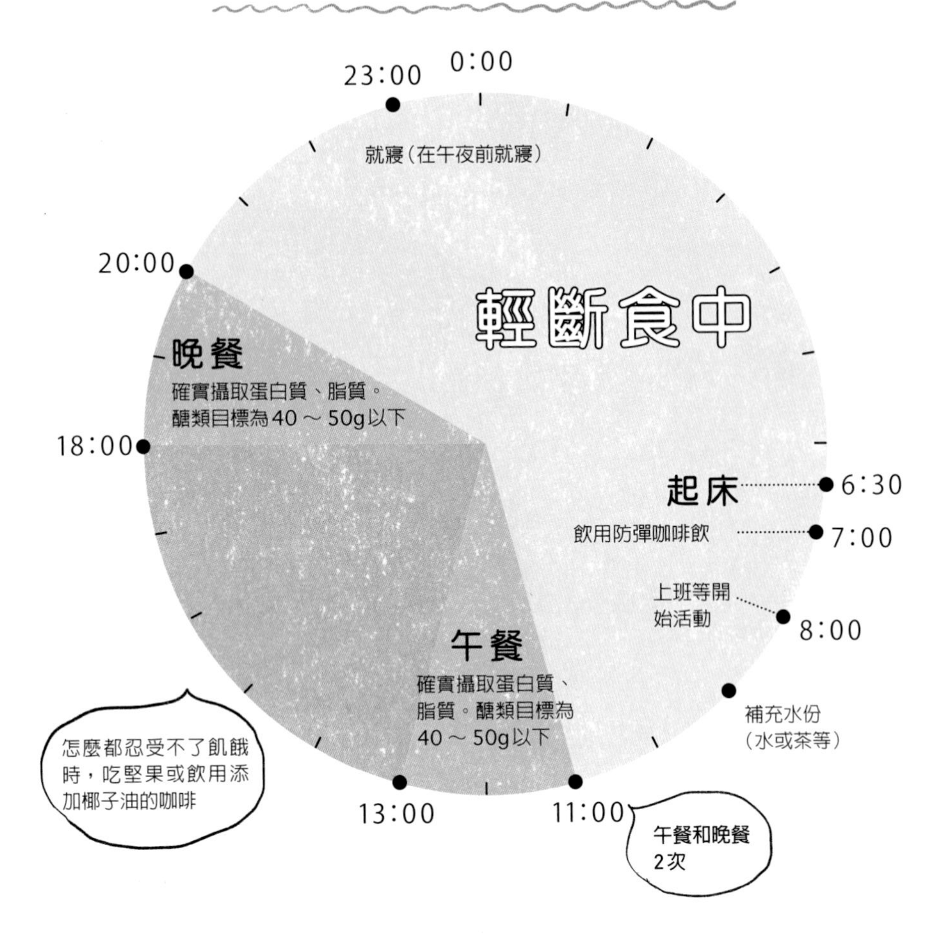

早餐 不吃。但取而代之的是防彈咖啡等添加脂質的飲品，補充脂質和水份（P.32）。

午餐 以正午時間為目標，若覺飢餓可略早。

晚餐 希望設定在18：00左右。思考人類原本的生活形態，在天色變暗時進食最理想。在就寢時間的3～4小時前進食。

點心 雖然不建議，但飢餓難耐時，請選擇堅果等低醣類的食物，也可以喝添加椰子油的咖啡。

結論 不吃早餐1日2餐。
進食時間從中午到黃昏， 深夜不進食。
因此成為每天斷食14～15小時。

理論2

所謂的肥胖構成？
肥胖的原因是醣類攝取過剩

首先，先說明關於造成肥胖的原理吧。肥胖、血糖值和胰島素三者，有著無法分割的關係。

一旦攝取米飯、麵包或甜食等碳水化合物，就會在體內被分解成葡萄糖。當葡萄糖運送至血液中，伴隨而來的就是變高的血糖值（血液中葡萄糖的濃度）。如此一來，就會從胰臟分泌出稱為胰島素的荷爾蒙。胰島素有降低體內血糖的作用，擔負著將血液中的葡萄糖搬運至細胞的功能。

那麼，必須份量的葡萄糖會在體內被轉化為熱量使用，但多餘的部分，則會被納入脂肪細胞中並轉變為三酸甘油脂，變成體脂肪地儲存起來。這是人類在進化過程中，長期飢餓時為延續生命的生存機制。因此，胰島素又被稱為「肥胖荷爾蒙」。

一旦分泌出胰島素，會因其作用而抑制體脂肪的分解，使脂肪無法燃燒成為熱量。也就是，一旦攝取過多的醣類，體脂肪就無法減少。對，醣類攝取過剩就是肥胖的原因。

醣類過剩的飲食生活為何會肥胖？

攝取大量醣類
（米飯、麵包、糕點、甜飲料等）

↓

大量葡萄糖進入血液中

↓

血糖值急遽升高變成高血糖

↓

胰島素被大量分泌

↓

身體必要的份量

↓

作為熱量使用

（脂肪細胞停止燃燒）

↓

多餘的部分

↓

納入脂肪細胞，作為體脂肪加以儲存

↓

肥胖

理論3

減醣的目標是緩和血糖值的波動

因醣類導致肥胖的理論如前一頁的說明，但造成肥胖的原因不僅於此。

一旦攝取過多的醣類，在用餐後短時間內血糖值會急遽升高，伴隨而來的是為了降低血糖值，使腎臟分泌出胰島素，但並非分泌恰好的量，大部分會分泌得較多。結果，又因此而陷入低血糖（低血糖值）狀態。所以大量攝取醣類後，據說約有六成的人在平均3小時左右，會呈現低血糖狀態。

像這樣血糖值急遽升高，急遽下降，就稱為「血糖飆升Glucose Spike」。一旦產生血糖飆升的狀況，會增加造成血管損傷、動脈硬化等生活習慣疾病的風險，對身體帶來不良的影響。並且容易產生低血糖和空腹感，而致使頻繁地食用點心、無法控制地過度進食等，難以控制食慾。

減醣的目的，是為了緩和血糖值上升下降的波動。藉此，防止葡萄糖成為體脂肪地堆積，也能良好地控制食慾。

醣類過剩VS.減醣　血糖值的差異如何？

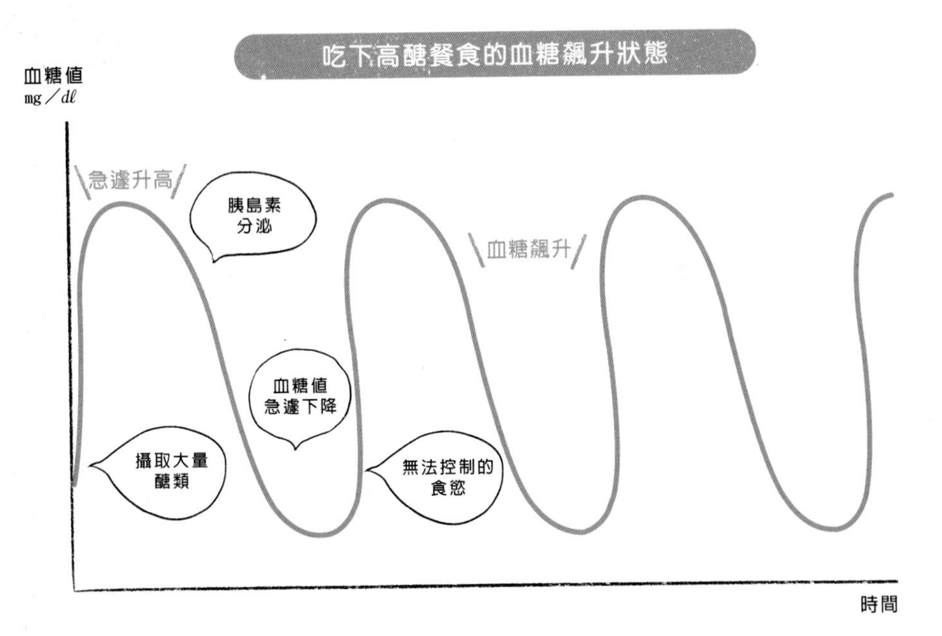

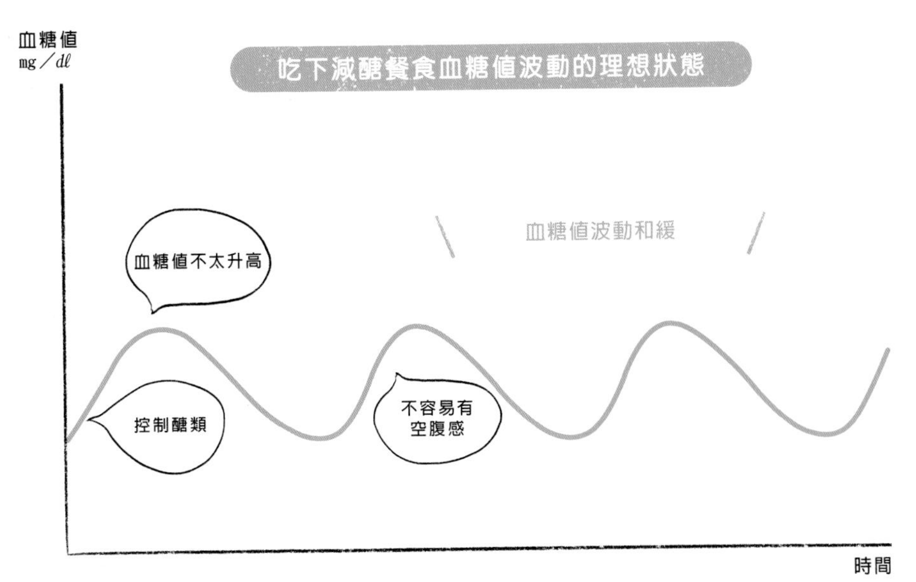

健康者的空腹血糖值在100mg/dl以下，2小時後血糖值在140mg/dl以下為正常。

理論4

利用輕斷食打造出不進食時間，使身體不分泌胰島素

現代人的飲食生活，在每天三餐都攝取過多醣類的正餐之外，還加上點心以及甜飲料等……，經常可見到一天裡不斷地攝取醣類的例子。想像這樣會在體內引發何種狀態，就如同下一頁的圖表。那就是現代人幾乎醒著的時間，胰島素都會持續不斷地大量分泌。

相對於此，下方的圖表是古代人胰島素分泌的想像圖。在狩獵採集時代的飲食，除了肉類、魚貝類之外，還有堅果或果實等。雖然應該也含有醣類，但因為不是簡單就能取得食物的狀況，因此用餐與非用餐時間（斷食）的區隔非常明確清楚，因此胰島素也不會持續地一直分泌。

低醣，確實是成效顯著的方法，但要避免因為是低醣食品，就24小時隨時想吃就吃。減醣的零食，很受喜愛的雞蛋或起司等，雖然醣類較低，但即使是蛋白質也會導致胰島素微量地分泌，因此也要多加注意。輕斷食的意思，是利用不進食的時間，使身體不分泌稱為肥胖荷爾蒙的胰島素，目標是達成接近古代人胰島素分泌的想像圖表。

現代人VS.古代人飲食生活
胰島素分泌的意象

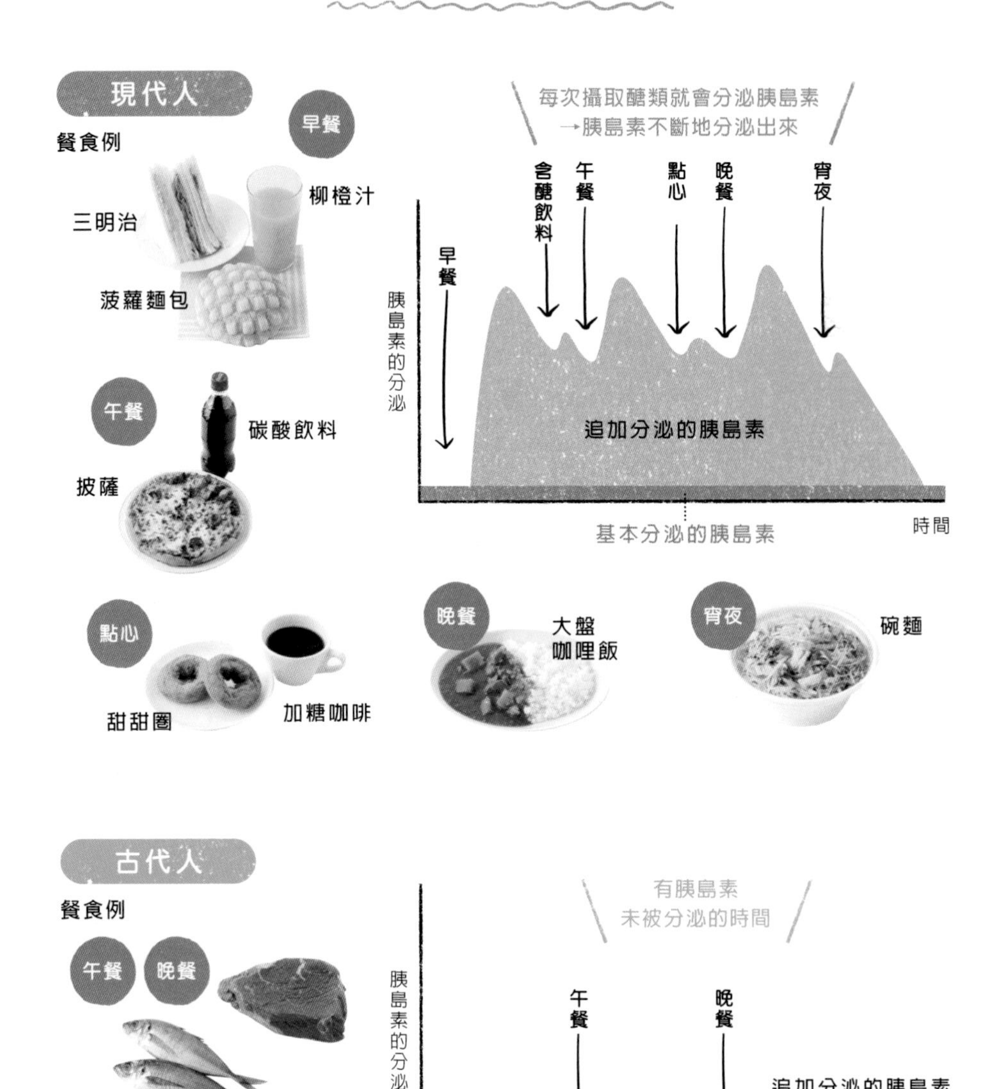

基本分泌的胰島素

時間

肉類、魚、貝類、
堅果、果實等

減醣×輕斷食

理論 5

利用減醣×輕斷食的雙重效果使脂肪轉化成熱量

人體有幾個產生熱量的機制，主要是用糖作為熱量來源的「葡萄糖─肝糖（glycogen）」系統和燃燒脂肪產生熱量的「脂肪酸─酮體（Ketone bodies）」系統（圖1）。再加上，體內還有形成葡萄糖，稱為「醣類新生」的支援系統。只要攝取的醣類超過必需時，就會優先啟動「葡萄糖　肝糖（glycogen）」系統，如此就輪不到「脂肪酸─酮體（Ketone bodies）」系統起動。

有耐性毅力地持續減醣飲食，就能增加這個系統的啟用，若是想再更增加燃燒脂肪的機會，就是輕斷食。再搭配減醣，就能產生雙重的減重效果（圖2）。

省去早餐的輕斷食就是最簡單的方法，因為早上的活動熱量，在起床時身體就已經完全預備好了。人體中，早晨天亮時，會分泌較多升高血糖值的荷爾蒙，備齊了開啟醣類新生系統的啟動機制。而且起床時，胰島素的感受度較高，即使少許的糖，都會導致血糖值容易上升的狀態。若在此時又食用了高醣類的早餐，一早就導致血糖高低紊亂，就會更難以控制整天的食慾。早餐不吃也可以，若吃也要適度地加以控制才是正確之道。

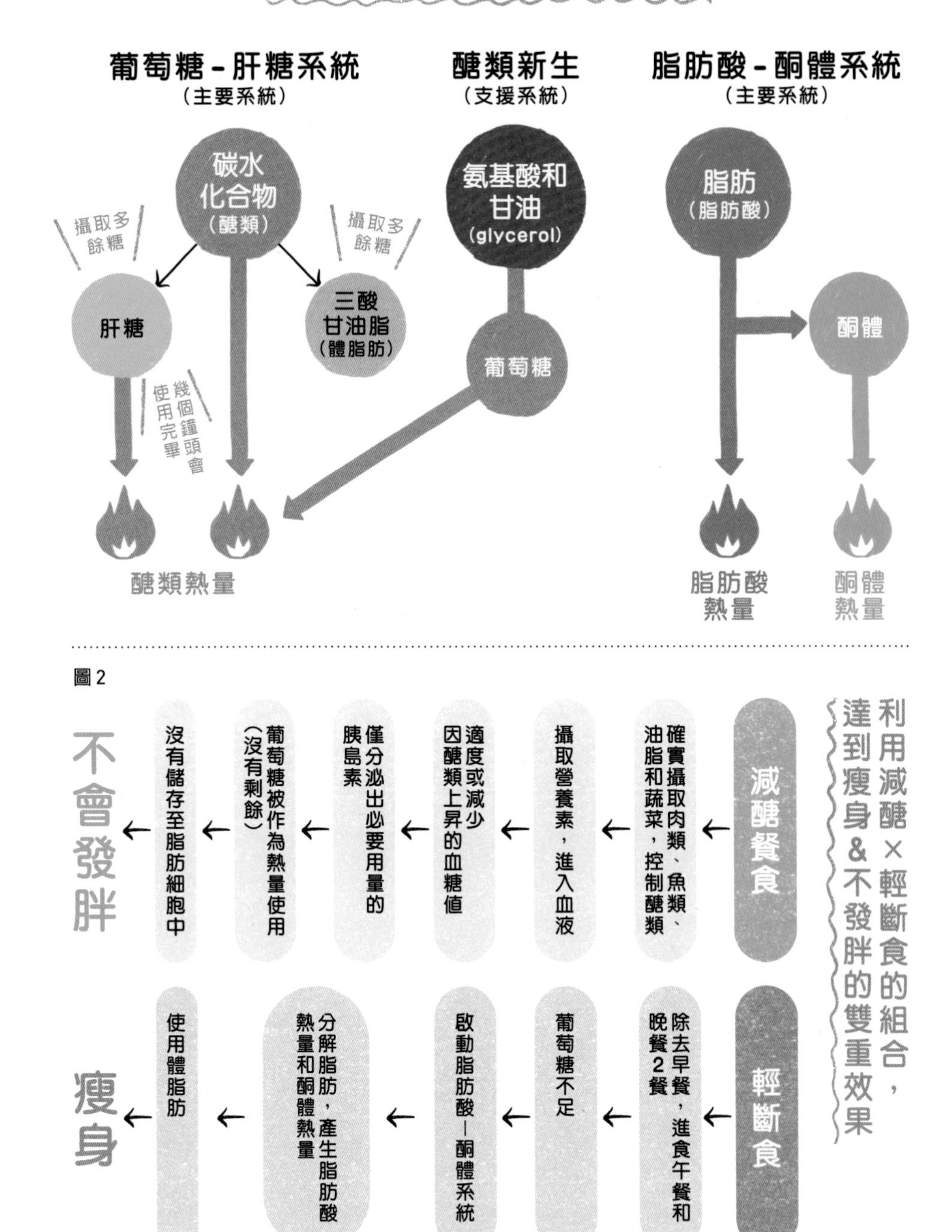

圖1
體內產生熱量機制的系統
葡萄糖－肝糖系統
（主要系統）
醣類新生
（支援系統）
脂肪酸－酮體系統
（主要系統）
碳水化合物（醣類）
攝取多餘糖
攝取多餘糖
肝糖
三酸甘油脂（體脂肪）
使用完畢
幾個鐘頭會
氨基酸和甘油（glycerol）
葡萄糖
脂肪（脂肪酸）
酮體
醣類熱量
脂肪酸熱量
酮體熱量
圖2
利用減醣×輕斷食的組合，達到瘦身&不發胖的雙重效果
減醣餐食
確實攝取肉類、魚類、油脂和蔬菜，控制醣類
攝取營養素，進入血液
適度或減少因醣類上昇的血糖值
僅分泌出必要用量的胰島素
葡萄糖被作為熱量使用（沒有剩餘）
沒有儲存至脂肪細胞中
不會發胖
輕斷食
除去早餐，進食午餐和晚餐2餐
葡萄糖不足
啟動脂肪酸－酮體系統
分解脂肪，產生脂肪酸熱量和酮體熱量
使用體脂肪
瘦身

減醣×
輕斷食

理論
6

在減醣時經常聽到的酮體為何？
打造成能將脂肪轉化為熱量的體質吧

酮體是從脂肪（脂肪酸）製造出的熱量。身體產生熱量的系統，已在19頁的圖表中介紹，若攝取了醣類，身體首先會以糖（葡萄糖）作為熱量來源。

但葡萄糖僅能存在數小時，用餐約5小時後，靜態或輕度動作時，就會切換成脂肪酸－酮體系統，可以得知是以脂肪作為熱量，以脂肪生成的熱量就是酮體。

酮體，可以被運用在肌肉、大腦等全身作為主要熱量。可能很多人都以為大腦的營養僅來自葡萄糖，但這是錯誤的。與葡萄糖相同，酮體也同時被活用作為大腦的能量。

但不要忘了，一旦攝取點心、甜飲品等醣類時，熱量來源又會切換回到醣類系統。

那麼，身體一旦切換成脂肪酸－酮體系統，除了可以瘦身之外，也會附加產生各式各樣的變化。很多人會覺得比較不容易疲倦、抗壓性變強、身體狀況也更好。

體內形成脂肪酸－酮體循環的機制

不容易疲乏

因確實攝取了蛋白質等必要的營養成分，全身吸收營養、改善血流，使身體更加有精神。另外，變換成以酮體作為熱量來源的體質，會減少活性氧類（Reactive oxygen species），使肌肉不易損傷，也能快速恢復疲勞。

不易發胖

為了能燃燒多餘的體脂肪又不減掉肌肉，就必須提高身體的基礎代謝，而且避免飯後高血糖，和緩血糖值的波動。最終就能達到不太會感覺飢餓，也可以防止過度進食。

健康地瘦身

大量食用肉類、魚等蛋白質食材，用蔬菜來補足維生素C和食物纖維。控制醣類的同時，確實攝取脂質以消除熱量的不足，就能達到不減掉肌肉、不顯憔悴，只減掉體脂肪的減重。

抗壓性變強

不攝取過多醣類，就能消除血糖值高低紊亂變化，心情也會隨之平和穩定，也能忽視少量的壓力，維持開朗的心情向前看。

不會焦燥

持續控制醣類的飲食生活，消除血糖值急遽升高或降低的狀況。血糖值隨時維持平穩狀態，情緒也會隨之安穩舒心。

增加持久力

身體中儲存的糖熱量並不多，一旦將脂肪作為熱量使用時，身體大量儲存的體脂肪就會因此燃燒，因此也能減少能量用盡（體力耗盡）的狀況。

防止老化

肌膚的斑點、下垂或皺紋等老化，是糖與蛋白質結合時，劣化蛋白質變性所造成的。避免糖的過度攝取，也與抑制老化息息相關。

餐後不會想睡覺

餐後睏倦的原因之一，被認為與腦內物質「食慾素 orexin」有關。空腹時，食慾素增加，使腦部清醒，大腦呈現清明精神的狀態。反之，血糖值升高時，食慾素降低就會變得睏倦。

容易入睡

因為減醣餐食中積極地攝取蛋白質食材，而產生促進睡眠荷爾蒙的材料氨基酸、與深沈安眠相關的維生素B6或B12，都可以大量攝入。

預防糖尿病

因避免攝取超過必要的醣類，所以飯後的血糖值也不會急遽升高。結果就是胰島素也不會過度分泌，減輕胰臟負擔，也有助於預防糖尿病。

預防動脈硬化

血糖值的升高、降低變得和緩，同時能減少血管壁的受損風險。因為確實攝取蛋白質，因此也能迅速修復血管，保持血管的年輕。

提升免疫力

管理高血糖代謝的酵素作用遲緩等，就是導致免疫力低下的原因。酮體可以抑制體內發炎反應，有助於促進免疫細胞機能正常發揮作用。

「減醣×輕斷食」也可以預防各種疾病

糖尿病、高血脂、高血壓、手腳冰冷或浮腫、失智、發展障礙、癌症、憂鬱症等心理症狀、慢性頭痛或偏頭痛、痛風、風濕性疾病、ED（勃起功能障礙）、胃食道逆流、青光眼等，可以預防各種疾病，也能改善身體的不適。

理論7

醣類必須減少到什麼程度？
1天的醣類攝取量在130g以下

1天到底要攝取多少醣類最理想？這還真的沒有答案。但是根據各種臨床或論文來看，世界共通認定的醣類攝取量，1天以130g為上限，與真正的減醣1天60g以下相比，份量相當寬鬆，但若是健康者以減重為目標，可充分期待成果。

但若一餐食用過多，變成高血糖也沒有意義。因此，本書中一餐的醣類含量定在40～50g以下。如此即使是加上零食也不會超過130g，比較容易保持下去，當然更少更好。

這個數值是以血糖值來考量。以空腹時血糖值為90～100mg／dl，飯後血糖值上限為140mg／dl來設定，相差40～50mg。以標準體重60公斤的健康者來看，攝取1g醣類血糖值約會上升1mg／dl，因此設定每次醣類攝取量為40～50g。

體重較60公斤輕的人，醣類攝取量的上限再更少一點會比較好。一天的醣類攝取量請以110g以下為參考標準。重於60公斤者，一天的攝取請調整至130g以下。

1天可攝取的醣類含量參考標準

1天的醣類攝取量在130g以下。

世界共通認定的減醣基準1天最多130g。
但這是以體重60公斤為標準， 輕於60公斤者， 請以110g為參考標準。

一餐攝取的醣類含量在40～50g以下

醣類含量55.3g

醣類超標

2/3飯碗
（100g）

醣類含量36.8g

減少菜餚的醣含量

醣類含量27.6g

菜餚可有醣類含量的空間

＼ 平時的菜單醣類含量居然這麼多 ／

咖哩飯
醣類含量
74.7g

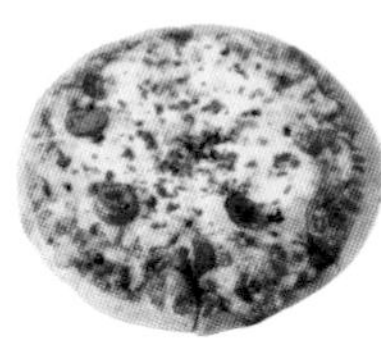

披薩
醣類含量
47.8g

蕎麥涼麵
醣類含量68.7g

幕之內便當
醣類含量104g

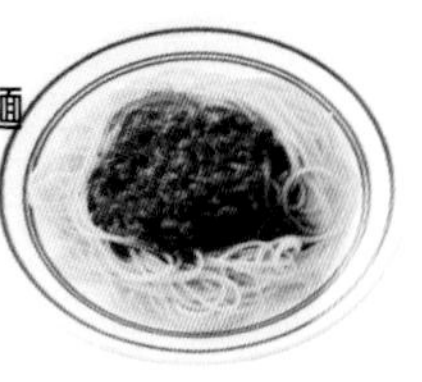

肉醬義大利麵
醣類含量
75.3g

一餐的含量

理論8

優先食用確實補充
蛋白質是重要的營養素

人體的構造中，最多的是水份，其次是蛋白質。蛋白質（氨基酸）是建構肌肉、皮膚、血管、毛髮、指甲等身體組織的基本，同時也是血液、荷爾蒙、消化液、酵素等影響身體機能的構成材料。

若沒有利用餐食補充，身體就會自行分解肌肉以補足其他重要組織所需，因此充分攝取蛋白質不可或缺。體重60公斤的人，身體中的蛋白質，每天會被分解250～300g以替代使用。如前所述，蛋白質除了被用在身體組成之外，也會進入稱作「氨基酸代謝池」的臨時儲藏室、或是若有剩餘，將被用作醣類新生（18頁），或是變成體脂肪。

本書中，相對於體重1公斤，蛋白質的建議攝取標準是1.5～1.6g。例如，體重50公斤是75～80g、體重60公斤是90～96g，男女相同。蛋白質含量換算成食材重量時，參考標準是肉或魚約5倍、雞蛋約8倍，豆腐是15倍。一天的蛋白攝取量若是80g時，相當於400g的肉或魚，因此餐食中，若沒有優先食用動物性蛋白質，可能會無法達成目標。

人體的結構成分

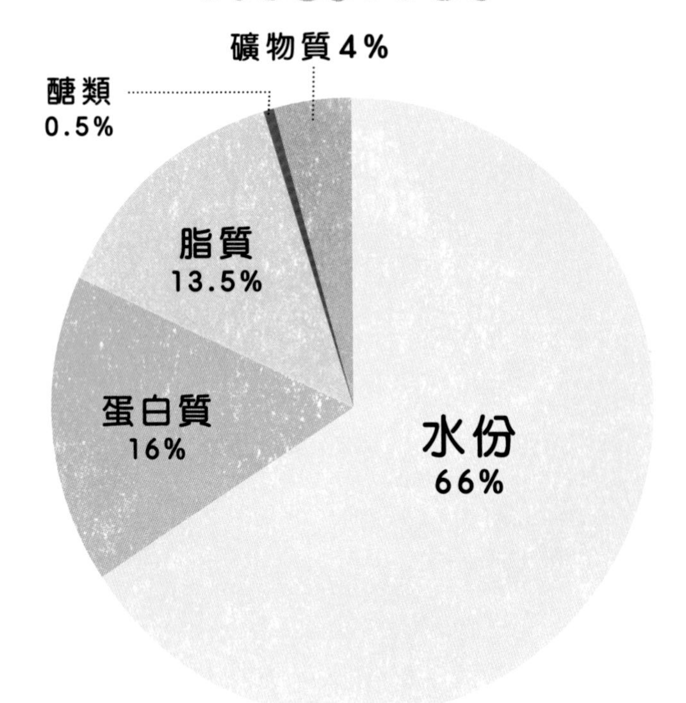

＊水份在身體中擔任著各式各樣的作用。例如血液的作用，是將氧氣和營養藉由血液而輸送到細胞，尿液是將老廢物質排出體外。汗，是將體內的熱氣排出，具有調節體溫的作用。
＊脂質在身體構成成分中非常重要，特別是在大腦，約有6成是脂質。也是包覆細胞的細胞膜或荷爾蒙的材料。
＊礦物質當中，除了有骨骼或牙齒成分的鈣之外，還有構成血液材料的鐵、調整體內水份平衡的鈉、與新陳代謝有很深遠影響的鎂，在體內具有各式各樣的作用。
＊醣類在身體成分中僅佔極少部分。紅血球的能量來源僅能使用葡萄糖，因此是人體必須的，但可以利用醣類新生(p.18)製造出來。

一天攝取的蛋白質含量參考標準

相對於體重1公斤，蛋白質攝取含量 1.5～1.6g

↓

體重60公斤　60×1.5～1.6

→1日的蛋白質含是、90～96g

理論 9

脂質是打造身體的材料&熱量來源
留意油品成份（脂肪酸）加以選擇

很可惜的，有非常多人相信，因為油脂的卡路里較高，會發胖對健康不好。肥胖的原因在於醣類，因此攝取油脂並不會發胖。油（脂質）是維持健康的必要營養素。脂質，是維持身體神經細胞、細胞膜、荷爾蒙等不可或缺的成分。腦細胞除去水份後，約有60％的脂肪。

再者，身體的主要熱量來源並不是醣類，而是脂質。睡眠中的熱量來源，是脂質。24小時保持活動，像心臟般的內臟器官，相較於儲存量不多，無法安定供給的醣類，儲存成體脂肪可以大量供給的脂質，才是主要的熱量來源。

脂質被分解，會變成脂肪酸和甘油，但脂肪酸也有各式各樣的種類，性質和健康效果也各不相同，因此品質就是問題所在。換言之，知道含有什麼樣的脂肪酸，慎選油脂最重要。

特別值得關注的橄欖油、Omega 3類的油、椰子油、中鏈脂肪酸油（MCT oil）、奶油，積極地攝取吧。

關於脂肪酸的種類

分類			主要脂肪酸	代表的食品	建議程度
飽和脂肪酸	短鏈脂肪酸		醋酸	奶油	可適度攝取
	中鏈脂肪酸		月桂酸(Lauric acid)	奶油、椰子油、中鏈脂肪酸油	積極攝取
	長鏈脂肪酸		肉豆蔻酸(Myristic acid)、棕櫚酸(Palmitic acid)、硬脂酸(Stearic acid)	牛或豬脂、棕櫚油、奶油	可適度攝取
不飽和脂肪酸(長鏈脂肪酸)	一價不飽和脂肪酸	Omega 9	油酸(Oleic acid)	橄欖油、菜籽油、牛或豬脂、奶油	橄欖油可積極攝取
	多價不飽和脂肪酸(必需氨基酸)	Omega 6	亞油酸(Linoleic acid)	大部分的沙拉油(玉米油、大豆油、紅花籽油、綿籽油等)	控制使用
		Omega 3	α-次亞麻油酸(α-Linolenic acid)、EPA、DHA	亞麻仁油、紫蘇油、鯖魚、沙丁魚、秋刀魚、鮪魚等魚油	積極攝取
	反式脂肪酸			乳瑪琳、起酥油(Shortening)等	不攝取

＊ 飽和脂肪酸，是以脂肪酸構造呈現被飽和的狀態，安定且不易氧化，也具強烈耐熱性。

＊ 不飽和脂肪酸，是以脂肪酸構造呈現不飽和狀態，容易氧化，特徵是不耐熱。

Point

- **Omega 3類的油應該積極攝取。Omega 3是必需脂肪酸，具有抑制過敏症狀、體內發炎等作用。**
- **Omega 6雖然是必需脂肪酸，但因為可能促進引發過敏症狀，所以必須注意避免攝取過量。多含於速食或加工食品中，肉類或魚類也有，因此作為烹調油使用時，希望能加以控制。**
- **Omega 9雖然不是必需脂肪酸，但比較耐加熱，因此建議作為烹調油使用。**

＊ 必需脂肪酸無法在身體中合成製造，必須從餐食中攝取的營養素。

減醣×輕斷食

理論10

維生素和食物纖維的供給來源

積極攝取蔬菜、菇類、海藻

肉類、魚類、蛋等蛋白質食材優先食用，就能攝取到蛋白質、脂肪、幾乎所有的礦物質和維生素了。但卻完全沒有維生素C和食物纖維，因此必須食用蔬菜、菇類、海藻等來補充。

提到維生素C，印象中浮現的就是水果，但其實很多蔬菜中也富含這個成分。青椒、綠花椰菜等黃綠色蔬菜，很多是含醣量少又富含維生素C，多食用顏色深濃的蔬菜（除了南瓜）即可。水果的醣類含量高，又容易成為三酸甘油脂的果糖，更容易發胖，因此必須多加注意。

食物纖維存在於所有的蔬菜中。食物纖維可分成，不易溶於水的「非水溶性食物纖維」，和可溶於水的「水溶性纖維」，特別希望大家能注意的是水溶性食物纖維。水溶性食物纖維是腸內細菌的最愛，腸內細菌藉由分解水溶性食物纖維，以增加有益健康的腸內細菌，就是俗稱的益生菌，益生菌在分解水溶性食物纖維後產生的短鏈脂肪酸，已經確實證明具有抑制脂肪細胞中三酸甘油脂蓄積的作用。

食物纖維的種類與作用

食物纖維

水溶性食物纖維		非水溶性食物纖維
主要為海藻類(羊栖菜、裙帶菜等)、蔬菜(牛蒡、黃麻、秋葵等)	富含的食物	主要是蔬菜、豆類、菇類
一旦溶於水，會呈膠狀或黏稠狀態	纖維的形狀	細長條筋狀、線狀、鬆散的形狀
具適度的黏性，可以緩慢地在消化器官中移動，產生飽足感	作用 ①	因有適當硬度的口感，必須充分咀嚼，可以防止飲食過度
利用膠狀包覆多餘的醣類，排出體外。可以緩和血糖值上升 吸附多餘的膽固醇，排出體外	作用 ②	在消化器官中水份被吸收，會增加糞便的體積
成為腸內細菌的食物	作用 ③	刺激腸道，活化腸道蠕動，促進便意
發酵性較非水溶性食物纖維高，腸內細菌會產生出短鏈脂肪酸	作用 ④	在大腸內被發酵、分解，可整合腸道內的環境

Point

- 被稱為益生菌的腸內細菌，持續被證實具有減重的效果。
- 腸內細菌可分解水溶性食物纖維，製造出短鏈脂肪酸。
- 短鏈脂肪酸作為熱量，除了可以被運用在以大腸為首的全身之外，也已證實具有抑制脂肪細胞中三酸甘油脂的堆積、抑制食慾的作用。此外，關於減緩過敏症狀、調整免疫力、預防糖尿病等的研究也正在進行中。

主要食品醣類含量表　其1

分類	食品名稱	含醣量(g)
肉類、肉類加工品	牛腿肉／進口牛　薄切3片(150g)	0.4
	沙朗牛肉(牛排用)／進口牛 1片(150g)	0.6
	腓力牛肉(牛排用)／進口牛 1片(150g)	0.4
	豬腿肉　薄切3～4片(100g)	0.2
	豬里脊肉　薄切3～4片(100g)	0.2
	豬五花肉　薄切3～4片(100g)	0.1
	雞腿肉　1片(250g)	0
	雞胸肉　1片(250g)	0.3
	雞里脊　2大條(100g)	0
	羔羊里脊肉　100g	0.2
	混合絞肉　100g	0.2
	里脊火腿　6～7片(100g)	1.3
	培根　5～6片(100g)	0.3
	維也納香腸　6根(約100g)	3
魚類、魚類加工品	竹莢魚　生魚片(100g)	0.1
	鮭魚　1大片(100g)	0.1
	鯖魚(白腹鯖魚)　1大片(100g)	0.3
	秋刀魚　1條(100g)	0.1
	鱈魚　1大片(100g)	0.1
	鮪魚紅肉　生魚片5～6片(100g)	0.1
	真鯛　1大片(100g)	0.1
	蝦　帶殼黑虎蝦大型5隻(100g)	0.3
	牡蠣　5個(約100g)	4.7
	生干貝　4～5個(100g)	3.5
	鮪魚罐頭(水煮)　1罐(70g)	0.3
	鯖魚罐頭(水煮)　1罐(120g)	0.2
	炸天麩羅　3片(100g)	13.9
	竹輪　小型3～4根(100g)	13.5

＊(　)內是實際重量

分類	食品名	含醣量(g)
蔬菜、薯類	高麗菜　2大片(100g)	3.4
	山茼蒿　1把(200g)	1.4
	青江菜　1株(100g)	0.8
	白菜　2大片(100g)	1.9
	菠菜　1把(200g)	0.6
	萵苣　3～4片(200g)	1.7
	綠花椰菜　6小株(100g)	0.8
	韭菜　1把(100g)	1.3
	豆芽菜　1袋(200g)	2.6
	秋葵　10根(100g)	1.6
	南瓜　1/10個(100g)	17.1
	小黃瓜　1根(100g)	1.9
	番茄　1個(150g)	5.6
	小番茄　5～6顆(100g)	5.8
	茄子　大的1根(100g)	2.9
	甜椒　1個(120g)	6.3
	牛蒡　1根(100g)	9.7
	蘿蔔　5cm(100g)	2.8
	洋蔥　1個(150g)	10.8
	紅蘿蔔　1根(150g)	9.4
	蓮藕　1節(100g)	13.5
	地瓜　1根(250g)	74.3
	馬鈴薯　1個(100g)	24.4
菇類、海藻	金針菇　1袋(100g)	3.7
	杏鮑菇　2～3根(100g)	2.6
	鴻禧菇　1包(100g)	1.3
	舞菇　1包(100g)	0.9
	羊栖菜(乾燥)　1餐分5g	0.3
	切好的裙帶菜　1餐分5g	0.3
	海蘊・未調味　1餐分(35g)	0
	裙帶菜根部・未調味　1餐分(50g)	0
	烤海苔　完整1片(3g)	0.3

減醣×輕斷食

實踐篇

根據理論，解說如何從飲食方法實踐。
輕斷食雖然不吃早餐，但取而代之的是
防彈咖啡等添加脂質的飲品，
也介紹飲品製作方法和變化、午餐和晚餐的食譜範例等。
此外，更詳細說明何謂減醣重點，想吃的 & 該避開的食材分類。

減醣很重要的一點，菜單的內容必須是不勉強，可以持續的飲食形態或方法，以具體例子進行解說。

Sample menu
早餐

防彈咖啡Butter coffee等
飲用熱的能量飲料

醣含量 1.4g

確實攪拌使其乳化，就是美味的訣竅

防彈咖啡

材料（1杯）

咖啡（熱的）——200ml
奶油——1～2大匙
椰子油——1～2大匙

製作方法

杯中放入奶油，注入咖啡。添加椰子油，充分混拌。（吉田）

point
若是僅混拌，油和咖啡會分離不好喝，因此要攪拌至咖啡顏色略白為止。使用電動牛奶打泡機會更輕鬆，也可以用攪拌器、或是放入瓶中搖晃甩動等。

雖然早餐不吃，但為緩和能量補給與空腹感，就飲用添加脂質的飲品吧。

特別推薦的是奶油和椰子油。尤其是椰子油容易轉換成酮體，較其他植物油更快速地被轉化成熱量，因此早餐飲用更具效果。此外，夏天若是想要冰涼享用時，建議可以使用液體狀態的MCT oil（中鏈脂肪酸油・27頁）。

馨香的花生風味很適合搭配咖啡

花生咖啡

材料(1杯)

咖啡(熱的)——200ml
花生糊(無添加鹽、砂糖)——1～2大匙
＊也可用花生醬(無添加鹽、砂糖)代用
鮮奶油——1～2大匙

製作方法

杯中放入花生糊，注入咖啡仔細混拌。添加鮮奶油，充分混拌。

椰子油甜甜的香氣，讓豆漿變得更容易入口

椰子油熱豆漿

材料(1杯)

豆漿——200ml
椰子油——1大匙
肉桂粉——少許

製作方法

溫熱豆漿後倒入杯中，加入椰子油，充分混拌。最後撒上肉桂粉。

茶葉建議使用阿薩姆或伯爵茶

防彈紅茶

材料(1杯)

紅茶茶葉——2小匙
奶油——2大匙
椰子油——1大匙
小豆蔻(整粒)——1～2粒

製作方法

1 在小鍋中煮沸250ml的熱水，放入茶葉、壓碎的小豆蔻，熬煮。
2 在杯中放入奶油，將1過濾倒入，添加椰子油，充分混拌。 (吉田)
＊也可使用牛奶打發器或攪拌器等攪拌，使其充分乳化。

堅果和黃豆粉的風味，使豆漿更好入口

花生黃豆粉豆漿

材料(1杯)

豆漿——200ml
花生糊(無添加鹽、砂糖)——1～2大匙
黃豆粉——適量

製作方法

杯中放入花生糊、黃豆粉仔細混拌，注入豆漿，充分混拌。完成時撒上少許黃豆粉。

在日本，以米飯為中心搭配菜餚的飲食形態由來以久。因為不能吃米飯，累積壓力導致挫折失敗的例子也不少。不勉強，可以持續下去，在不破壞原有餐食的形態下，以較多的菜餚、較少的米飯來應對。外食或購買市售便當時也同樣地，留下一半的米飯吧。

主菜&配菜&白飯略少的食譜

本書中，每份餐食的醣類含量（米飯＋菜餚的合計）是設定在40～50g以下。據說在日式餐食中，菜餚的醣類含量合計約20g。主菜、配菜各有幾道的複數食材，比較能夠攝取到各種營養。

醣含量 共38.8g

配菜

韭菜雞蛋韓式煎餅(p.68)

完全達到蛋白質含量，就是連同配菜都使用富含蛋白質的食材。搭配雞蛋或大豆製品、魚貝類的組合，可以與主菜有區別與變化。雞蛋1天2個以上是參考標準。

白米飯　1/2碗

要達到一份餐食的醣類含量，是飯碗1/2碗（75g·醣類含量27.6g）～2/3碗（100g·醣類含量36.8g）。想要更具份量時，可以利用炊飯來增加體積。

主菜

韓式烤牛肉和蒟蒻絲(p.76)

以富含蛋白質的食材為中心，搭配蔬菜的料理。體重60g的人，一天中應攝取的蛋白質含量約90g。希望一餐中能食用100g的肉類或魚類。

醣類含量 5.0g

最輕鬆的一鍋煮！一道就令人心滿意足

不擅長料理，要烹製多道覺得很麻煩的人，最推薦一鍋煮（p.92）。用肉、大豆製品、蔬菜等許多食材，連同熱湯一起享用，令人滿意飽足。（照片是p.94鹽味雞肉丸鍋）

Sample menu

晚餐

僅吃菜的「下酒菜」菜單 即使喝酒也OK

下酒菜的各式菜單

體重60公斤的人，1天攝取的蛋白質含量約90g，因此一餐是45g，用肉類或魚類的量來換算，約200g。無論什麼料理都希望使用富含蛋白質的食材。蛋白質的攝取，也能支援分解酒精的肝臟功能。

下酒菜③

油豆腐炒腰果(p.85)

大豆製品雖然蛋白質含量不及肉類及魚類，但價格便宜份量十足是其最大的魅力。

下酒菜②

燜炒蝦與綠花椰菜(p.65)

鮮蝦和蔬菜的組合。鮮蝦的蛋白質含量較多。很快就能煮熟，也能縮短烹調時間。

下酒菜①

香煎雞肉沙拉(p.55)

照片中的香煎肉類和生菜的組合。能效率十足地攝取到蛋白質和維生素。

醣含量 共26.3g

就像在居酒屋一般，開心地享用幾道下酒菜料理的形態，多做一些備用也是方法。酒類請選擇低醣類的蒸餾酒，但酒精濃度較高，必須留意飲用分量。若是希望最後能吃點東西的人，可以食用味噌湯等湯品，不但沒有碳水化合物又能安撫空腹感。

醣類含量 17.6g

最輕鬆簡單的就是烤肉！也能確實攝取蔬菜

肉類可以選擇喜好的種類或部位，但調好味道的醬汁大多比較甜口，需多加注意。簡單地撒上鹽、胡椒等，或自己調味比較能夠調整醣類含量。

（照片中是p.53味噌醬成吉思汗烤肉）

減醣時
想吃的食材、想避開的食材

在減醣時食材的選擇為何？在此介紹相較之下較便宜也較容易購得，方便烹調的材料。

想吃的食材 1
肉類

作為優質蛋白質的想吃食材。
肉類中所含的脂肪（動物性脂肪），也是重要的脂質來源。
可能很容易會被誤解成有害健康，但肉類的脂肪是不容易氧化的飽和脂肪酸，雖然量少但也含有 Omega 3。

推薦理由

1. 是身體製造肌肉、血液與荷爾蒙等的蛋白質供給來源
2. 肉類中所含的脂質可以成為身體熱量來源，也可作為製造細胞膜或神經組織的材料
3. 富含維生素 B 群、維生素 D、鐵等維生素和礦物質

雞肉

富含保護肌肉與黏膜的維生素 A。相較於其他的肉類，更容易消化，價格便宜也是其魅力所在。依其部位各有特色，胸肉、里脊的脂肪較少，味道清淡。

雞腿肉(100g)

醣含量 0g

雖然比雞胸肉略硬，但有適度的脂肪，更能吃出肉類的鮮味。

雞胸肉(100g)

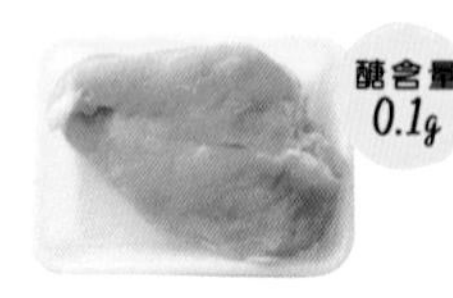

醣含量 0.1g

脂肪少且柔軟。富含抗疲勞物質的咪唑二肽化合物（imidazole dipeptide），有助於減輕疲勞感。

豬肉

含有大量醣類代謝所不可或缺的維生素 B_1，在各種食材中含量最多。維生素 B_1 是有助於恢復疲勞的維生素，與有大蒜素香氣成分的韭菜或洋蔥等一起吃，有助於吸收。

豬肉薄片(100g)

醣含量 0.2g

依部位不同脂肪含量也有所差異。脂肪較少的是小里脊、腿肉，最多的是五花。里脊或豬肩里脊，則是含有適度的脂肪，且肉質柔軟。

香煎豬排、炸豬排用(100g)

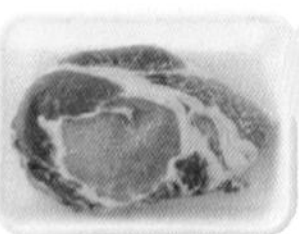

醣含量 0.2g

香煎豬排或炸豬排用的肉排，1片約150g。為避免加熱後的收縮，可以用刀子在白色脂肪與紅色瘦肉邊緣劃切刀紋（劃開肉筋）。

牛肉

牛肉含有豐富的鐵質，建議可用於預防貧血。牛肉瘦肉中富含燃燒脂肪時不可或缺的肉鹼（carnitine），所以與其食用高級的霜降牛肉，不如更積極地選用紅色瘦肉。

牛碎肉片(100g)

醣含量 0.2g

切碎的牛肉片，因混雜著各個部位，因此在牛肉的價格中，相對便宜。

注意分量！肉類加工品

醣含量 3g

香腸(100g)

維也納香腸、火腿、培根等加工品，意外地醣類含量較高，其中的添加物也令人擔心，所以不要頻繁食用，注意攝取量。

想吃的食材 2

魚貝類

魚油中富含 EPA、DHA的 Omega 3類脂肪酸。
有助於降低三酸甘油脂或膽固醇，也被證實具有順暢血液的作用。
有意識地選擇鯖魚、鰤魚、鮭魚、沙丁魚等享用吧。

推薦理由

1. 是身體製造肌肉、血液與荷爾蒙等蛋白質的供給來源
2. 青背魚等富含必需脂肪酸的 Omega 3(EPA、DHA)
3. 可以攝取到維生素 D、鐵等維生素與礦物質

鰤魚(100g)

醣含量 0.3g

有頂級含量的 omega類脂肪酸(EPA、DHA)，具有順暢血液的作用，也有助於降低三酸甘油脂。含有大量的維生素 A、B群、D。

鮭魚(100g)

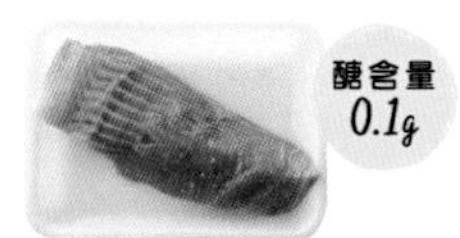

醣含量 0.1g

蝦紅素(Astaxanthin)的抗氧化作用是維生素 C的6000倍，防止老化的效果非常卓越，也富含EPA、DAH。

鮪魚生魚片(100g)

醣含量 0.1g

背部的紅肉蛋白質較多，腹部則是 EPA和 DHA較多。EPA、DHA因不耐加熱，因此生食可以減少損耗，能更有效率地攝取。

蝦仁(100g)

醣含量 0.3g

雖然脂質含量少，但具有高蛋白質，除了含有鐵、鋅等礦物質之外，也含有守護肝臟的牛磺酸。

蛤蜊(100g)

醣含量 0.4g

貝類中含有豐富的鋅等礦物質。鋅是氨基酸製造蛋白質時非常重要的成分，也是製造新細胞時不可或缺的營養素。

鱈魚(100g)

醣含量 0.1g

脂質含量少、味道清淡。肉質柔軟，容易消化是最大的特徵，也適合用於一鍋煮。

鯖魚水煮罐頭(100g)

醣含量 0.2g

具有順暢血液效果的 EPA、DHA，也富含健康骨骼所不可或缺的鈣等營養成分。

注意分量！魚漿食品

竹輪(100g)

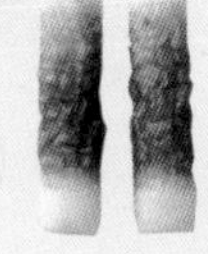

醣含量 13.5g

竹輪、天麩羅等魚漿製品，意外地大多添加了甜味的調味料，醣類含量較高，請注意食用的量。

想吃的食材 3

大豆食材

大豆又稱為田裡的肉類，富含植物性蛋白質，低醣。
也有豐富的礦物質，鈣、鎂等可調整身體機能。
納豆、豆腐、油豆腐等加工品也很多，能增加烹調種類是最具魅力之處。

推薦理由

1 低醣，在攝取植物性蛋白質的同時，價格也親民
2 加工品的種類豐富，可以廣泛的運用，不容易吃膩
3 水煮、蒸大豆或納豆，具豐富的食物纖維
豆腐或油豆腐份量十足

木棉豆腐（1塊、300g）

高蛋白質、低醣。絹豆腐的醣類含量是5.1g（1塊、300g），因此想要更進一步控制醣類時，建議使用木棉豆腐。

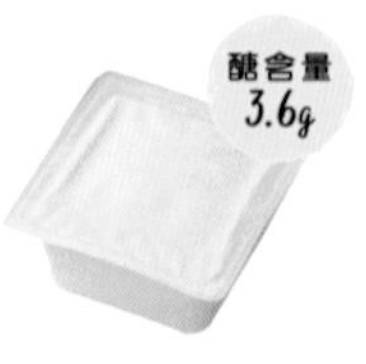

醣含量 3.6g

蒸大豆（100g）

高壓蒸煮的大豆，柔軟且富含食物纖維。因水溶性維生素的損耗較少，能充分攝取到大豆的營養成分。

醣含量 5.0g

油豆腐（1片、200g）

厚切豆腐經過油炸，減少水份含量的同時，也濃縮了蛋白質和維生素、礦物質。食用時的口感更令人滿意。

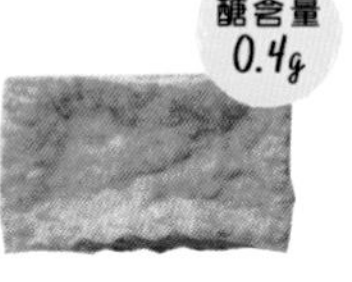

醣含量 0.4g

納豆（1盒、40g）

利用納豆菌發酵的力量，使營養成分更容易消化吸收。黏稠中所含的成分是納豆激酶，有順暢血液的效果。

醣含量 2.1g

想吃的食材 4

雞蛋

是攝取優質蛋白質時不可或缺的食材。
均衡且充足地含有維生素C和食物纖維以外的營養素，
每個雞蛋醣類含量僅0.1g，是低醣且價格便宜的食材。
烹調簡單且運用範圍廣泛，食材中的優等生。

推薦理由

1 富含製造肌肉、血液與荷爾蒙等的蛋白質
2 均衡且充足地含有維生素C和食物纖維以外的營養素
3 價格親民又能久放。
容易廣泛地運用

雞蛋（1個、實際重量50g）

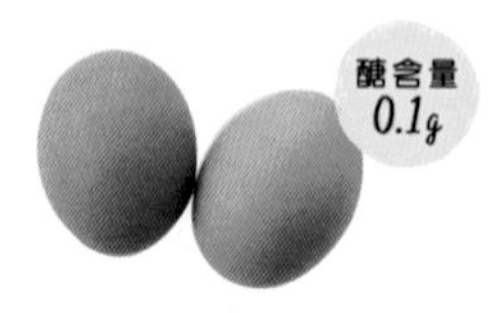

醣含量 0.1g

雞蛋冷藏保存，生食的賞味期限約為2週，很能久放，水煮雞蛋或溫泉蛋在便利商店都買得到，1天希望可食用2個以上。

想吃的食材 4

油脂

油脂可依構造（脂肪酸的種類）不同，區分其特徵，健康效果也各不相同。
建議攝取 Omega 3類和 Omega 9類、動物性脂肪、中鏈脂肪酸。
其中有加熱而易氧化的油脂，所以需要區分使用。

推薦理由

1 是熱量來源，也是形成細胞膜和神經組織的材料

2 動物性脂肪、Omega 3類、9系列等是優質的油脂，也可期待其中的健康效果。

3 即使攝取油脂，也不會是變胖的原因

亞麻仁油

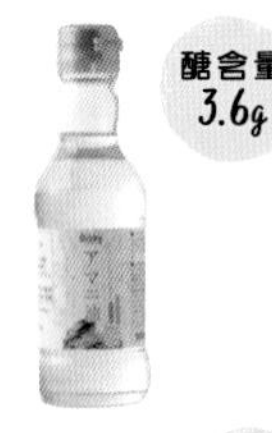

醣含量 3.6g

以 α-亞麻酸為主要成分的 Omega 3類油脂。原料是亞麻種籽，在常溫下呈液體狀。耐熱性較差，不適合加熱烹調。建議用於沙拉等生食。

橄欖油

醣含量 0g

以油酸為主要成分 Omega 9類的油脂。常溫之下呈液體狀，相較之下耐熱性較強，可用作加熱或直接食用的萬能戰將。嚴選橄欖果實壓榨製成，因此也包含了果皮中的多酚（polyphenol）成分在內。

動物性脂肪

醣含量 0g

奶油

豬脂

醣含量 0g

飽和脂肪酸是主要成分。常溫下是固體，不易氧化且耐熱性強，建議用於加熱烹調時。動物性脂肪並不是造成肥胖或膽固醇的主要原因，較植物性油脂更為安全，因此可以在烹調時加入。

椰子油

醣含量 0g

以月桂酸等中鏈脂肪酸為主要成分的飽和脂肪酸類油脂。中鏈脂肪酸在食用3小時後，開始轉化成熱量（酮體）。在約20℃以下會呈固體狀。不易氧化，適合加熱烹調。

在超市常見的油品？

Omega 6類的油品價格親民也很方便使用，但很容易攝取過多，必須多加注意

芝麻油

含有幾乎等量比例的亞麻酸和油酸，兼具 Omega 9和 Omega 6兩者的特性。相較之下耐熱性強，適合加熱烹調。

菜籽油

雖然主要成分是油酸，Omega 9類的油脂，但被廣為使用在沙拉油中，也常與 Omega 6類的油脂相互調合使用。可能有基改原料是令人較為擔心之處，因此購入時務必多加確認。

棉籽油

以亞麻酸為主要成分的 Omega 6類油品。

葡萄籽油

以亞麻酸為主要成分的 Omega 6類油品。

玉米油

以亞麻酸為主要成分的 Omega 6類油品。

米糠油

含有亞麻酸和油酸，兼具 Omega 9和 Omega 6兩者的特性。相較之下耐熱性強，也沒有特殊味道，適合加熱烹調（特別是油炸時）。

想吃的食材 5

蔬菜

是維生素 C 和食物纖維的供給來源，要確實攝取。雖然醣類含量各有不同，但也不用太過神經質，以綠色蔬菜為主，均勻地搭配紅、黃、白等各色蔬菜，就能均衡地攝取到各種營養素了。

醣類含量較低

小黃瓜 (100g)

醣含量 1.9g

可以生食的沙拉蔬菜。烹調時也能輕鬆地使用。1根（大）約100g。

酪梨 (100g)

醣含量 0.9g

含有豐富抗老化的維生素 E。1個大約能攝取到1日所需食物纖維的半量。大的一個實際重量約150g。

菠菜 (100g)

可以在體內變成維生素 A，富含守護肌膚黏膜的 β-胡蘿蔔素。1把約200g。

醣含量 0.3g

秋葵 (100g)

醣含量 1.6g

含有大量的 β-胡蘿蔔素，切口的黏液能包覆醣類，具有使血糖值不易上升的作用。10根約100g。

綠花椰菜 (100g)

含有維生素 C、β-胡蘿蔔素、鐵、鋅等，是蔬菜中的優等生。1個約300g。

醣含量 0.8g

小松菜 (100g)

具有 β-胡蘿蔔素等維生素與鐵、鈣等多種礦物質。1把約200g。

醣含量 0.5g

蘆筍 (100g)

含有能恢復疲勞的氨基酸－天門冬胺酸，也有豐富的食物纖維。5～6根約100g。

醣含量 2.1g

韭菜 (100g)

醣含量 1.3g

除了 β-胡蘿蔔素之外，具香氣成分，有幫助恢復疲勞的功效。1把約100g。

山茼蒿 (100g)

含有豐富能保健皮膚的 β-胡蘿蔔素，具有美肌效果。含有大量製造血液的鐵質，也能預防貧血。1把約200g。

醣含量 0.7g

萵苣 (100g)

可生食，也可用手撕開烹調，因此可以輕鬆使用，立刻能解決蔬菜的不足。1顆約300g。

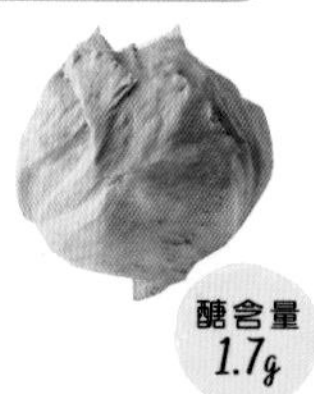

醣含量 1.7g

青江菜 (100g)

含有大量維生素 C、β-胡蘿蔔素等維生素，可增加咀嚼的食材。1株大約100g。

醣含量 0.8g

推薦理由

1 是維生素C不可或缺的供給來源
2 富含食物纖維，具有調整腸道環境的作用
3 蔬菜的顏色或香氣中，飽藏有益健康的成分

醣類含量較高

洋蔥 (100g)

醣含量 7.2g

具刺激性香味成分大蒜素，能提升維生素 B_1 的吸收，對恢復疲勞效果顯著。1個約100g。

番茄 (100g)

醣含量 3.7g

紅色素的茄紅素有強力的抗氧化作用，也具有順暢血液等健康效果。1個約150g。

茄子 (100g)

醣含量 2.9g

表皮的紫色色素是多酚的一種，茄黃酮苷(nasunin)，具有抗氧化的作用。大的1個約100g。

牛蒡 (100g)

醣含量 9.7g

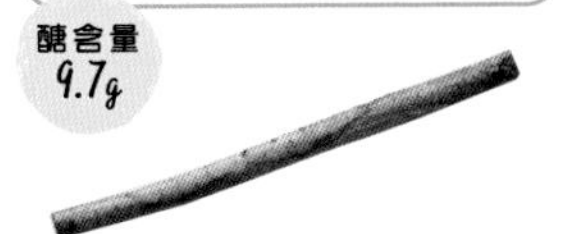

牛蒡是水溶性食物纖維，富含菊糖(Inulin)，能有效增加腸道內的益生菌。1根約100g。

蘿蔔 (100g)

醣含量 2.7g

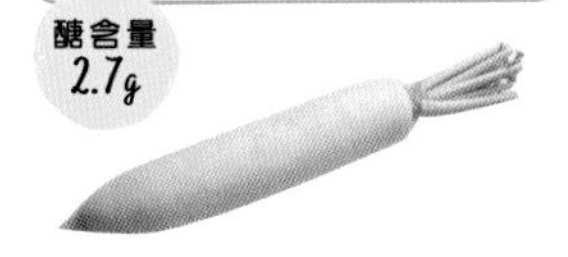

其中所含的消化酵素不耐熱。若是期待酵素發揮作用時，建議可以食用新鮮的蘿蔔泥。1根約900g。

白花椰菜 (100g)

醣含量 2.3g

有豐富的維生素C，也含有大量食物纖維。沒有特殊味道，巧妙地運用原有的白色，也可作為米飯的替代。1個約400g。

蓮藕 (100g)

醣含量 13.5g

雖然醣類含量較高，但切開斷面的黏滑成分，具有水溶性食物纖維般的作用。

甜椒 (100g)

醣含量 5.3g

含有豐富的維生素C，1個就能攝取足夠一天的份量，生鮮使用在沙拉或拌炒皆可。1個的實際重量約120g。

青椒 (100g)

醣含量 2.8g

有大量維生素C，約3個(100g)就能攝取到1天所需的量。維生素C不耐熱，所以必須短時間加熱。

注意!!

醣含量 17.1g

南瓜 (100g)

雖然富含 β-胡蘿蔔素，但醣類含量較高，因此要控製攝取為宜。食用時請注意分量，也不宜再添加甜的調味料。

紅蘿蔔 (100g)

醣含量 6.5g

守護肌肉及黏膜，能提高免疫力的 β-胡蘿蔔素含量，是蔬菜中最高。1根約150g。

高麗菜 (100g)

醣含量 3.4g

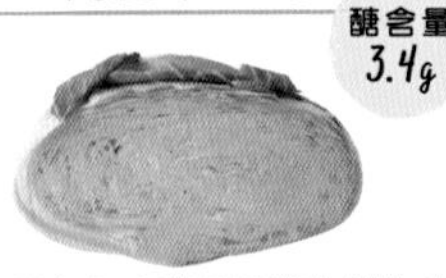

含有豐富能守護胃黏膜的維生素U。大型1片約50g。

想吃的食材 6

菇類

醣類含量少，吃再多都沒關係。菇類中所含的食物纖維，主要是非水溶性食物纖維，在腸胃道中吸收水份後會膨脹，因此容易有飽足感。具有能促進鈣質吸收的維生素D等，富含維生素和礦物質。

推薦理由

1 醣類含量少，份量上可以自由食用

2 富含非水溶性食物纖維，容易有飽足感

3 具有豐富的維生素和礦物質

舞菇（100g）

醣含量 0.9g

維生素D含有量是所有菇類中最多的，也富含菸鹼酸。1包約100g。

鴻禧菇（100g）

醣含量 1.3g

鴻禧菇的價格全年穩定，沒有特殊的味道方便烹調。1包約100g。

香菇（100g）

醣含量 2.1g

除了維生素D之外，也含有與蛋白質及脂質代謝相關的菸鹼酸。大的1個約25g。

金針菇（100g）

醣含量 3.7g

特有的黏滑，是水溶性食物纖維，除了可以成為腸內益生菌的養分之外，還可以包覆醣類使血糖不易上升。1袋約100g。

杏鮑菇（100g）

醣含量 2.6g

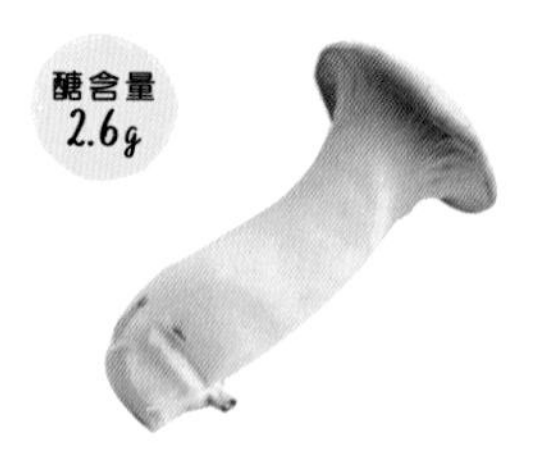

有獨特的口感，可以成為料理中的亮點，富含維生素D。1根約50g。

想吃的食材 7

海藻

海藻是低醣類的食材，雖然富含食物纖維，但特徵是含大量水溶性食物纖維。海藻表面的黏滑部分就是水溶性食物纖維，特別是羊栖菜的含量非常大。

推薦理由

1. 醣類含量少，份量上可以自由食用
2. 豐富的水溶性食物纖維，可以調整腸道環境
3. 有豐富的礦物質，如鈣或鎂等

切開的裙帶菜（5g／用水還原成30g）

裙帶菜中含有大量可強化皮膚與黏膜的 β-胡蘿蔔素，可強健骨骼的鈣質等維生素和礦物質。1小匙1g，用水還原後會膨脹成12倍。

醣含量 0.2g

羊栖菜（乾燥・10g）

羊栖菜也含有大量的水溶性食物纖維，也含有鈣、鎂、鐵等礦物質。羊栖菜1大匙約3g。用水還原後大約會膨脹成8～10倍。

醣含量 0.6g

想吃的食材 8

堅果類

含大量脂質、礦物質，是高營養價值的食材。醣類含量低，食物纖維多，因此適合作為點心零嘴。依堅果的種類不同，脂質的成分也各不相同。建議均衡地攝取綜合堅果最好。

推薦理由

1. 醣類含量少，食物纖維多
2. 含Omega 3類、Omega 9類的脂質
3. 含有維生素E、鈣、鎂等

綜合堅果（1把約40g）

建議一天吃1小把的份量（40～50g）。核桃含有Omega 3、Omega 6也不少。杏仁果、花生、腰果等則有較多的Omega 9。

醣含量 3.8g

需注意的想吃食材 1

乳製品

乳製品雖然可作為蛋白質或鈣質來源之一，希望能加以利用的食材，
但因種類不同，醣類含量也各有差異。
牛乳中因含有稱為乳糖的醣類，請注意不要過度飲用。

攝取重點

1. 作為蛋白質、鈣質來源應適度攝取
2. 因牛奶中的乳糖成分，1天的攝取以100ml左右為適量
3. 起司的醣類較少，適合當作點心。
   仍要注意避免過度食用

鮮奶油 (100g)

醣含量 3.1g

雖然醣類含量較低，但使用時添加砂糖也是NG行為。請用於添加在咖啡或烹調等。1大匙約15g。

原味優格 (100g)

醣含量 4.9g

雖然醣類含量較少，但因乳酸菌與酵素的作用，乳糖很容易被分解而不會引發乳糖不耐症。請選擇不加糖的原味產品。1小杯約100g。

牛奶 (100g)

醣含量 5.0g

因乳糖不耐症喝了會不適的人，還是避免為宜。因含有乳糖，因此過度飲用，醣類攝取量也會增加，因此建議1天約100ml左右。

加工起司 (100g)

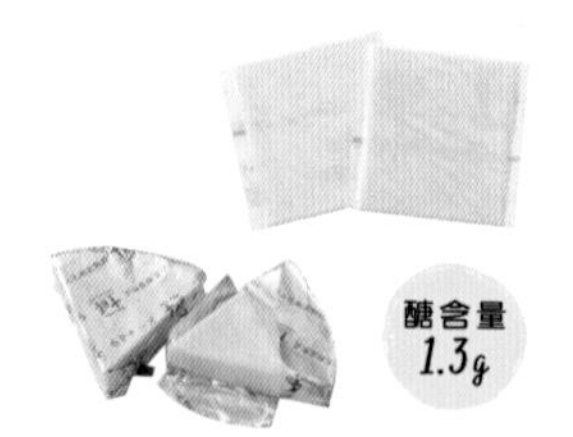

醣含量 1.3g

很親民的價錢，在便利商店都能簡單購得。片狀起司1片、或6片裝起司1片，重量都約18g。

天然起司 (100g)

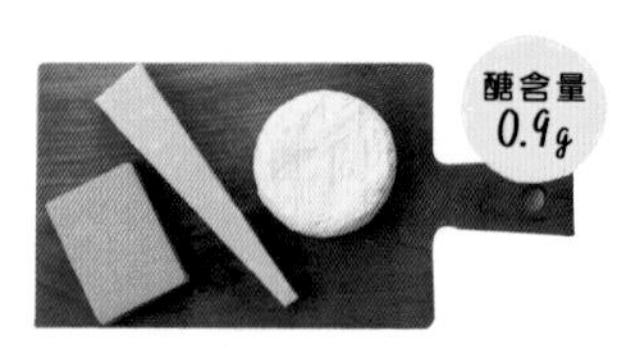

醣含量 0.9g

天然起司因乳酸菌是活菌，可整合腸道環境，建議食用。卡門貝爾起司1片約17g。

起司

起司在製造過程中，過濾時連同乳清中所含的乳糖也一併除去，因此乳糖含量較少。蛋白質或鈣質的營養被濃縮，含量約是牛奶的6倍。減醣時作為點心非常受到歡迎。

需注意的想吃食材 2

水果

水果雖然是維生素C和食物纖維的供給來源，但醣類含量卻很多。水果的糖，在體內是容易變成體脂肪的果糖。而且相較於葡萄糖，血糖值的上升較為和緩，所以不容易感到飽足，務必多加注意。

攝取重點

1 水果的糖是果糖，很容易發胖務必多加注意
2 血糖值不容易上升，要小心很容易因此食用過量
3 是維生素C和食物纖維的供給來源

草莓 (100g)

醣含量 7.1g

1個約15g。每天攝取的參考標準約5顆左右，維生素C約47mg（約1日所需的1/2）

葡萄柚 (100g)

醣含量 9.0g

1個可食用的部分約200g。每天攝取的參考標準約1/4個。

奇異果 (100g)

醣含量 11g

1個的實際重量約100g。每天攝取的參考標準約1/2個，維生素C約35mg（稍少於1日所需的1/2）。

香蕉 (100g)

醣含量 20.4g

1個可食用部分約100g。每天攝取的參考標準約1/4個。

蘋果 (100g)

醣含量 14.1g

1個可食用部分約250g。每天攝取的參考標準約1/8個。食物纖維含量約0.6g。

柳橙 (100g)

醣含量 9.0g

1個可食用的部分約150g。每天攝取的參考標準約1/2個。

西瓜 (100g)

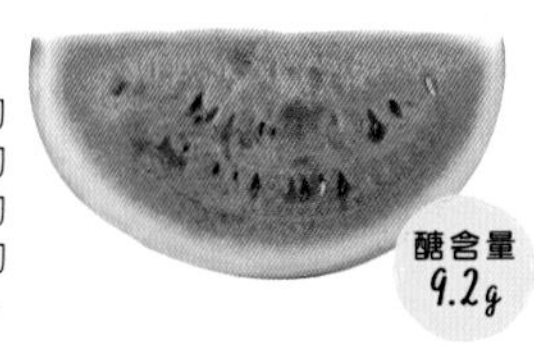

一般尺寸的西瓜約可食用1/8片，約350g。每天攝取的參考標準約一片的1/4左右（約80g）。

醣含量 9.2g

想避開的食材 1

甜飲品

經常飲用碳酸飲料或果汁的人，只要停止飲用就會瘦。
飲料是罪惡感低，容易一不小心就喝光光。運動飲料因成份容易被身體吸收，血糖值容易升高，也請務必多加留意。

避開的重點

1. 飲料改以水或茶
2. 避免飲用運動飲料或零卡飲料
3. 咖啡或紅茶不要加糖

柳橙汁（350ml）

醣含量 37.4g

即使原料是果汁，很多時候還是會在加工過程中添加大量糖。若是希望藉以攝取營養，請吃新鮮的水果更好。

運動飲料1瓶（500ml）

醣含量 25.5g

雖然有健康的感覺，但其中含有大量的糖，容易被身體吸收並造成血糖值急遽上升。有添加人工甘味劑或果糖、葡萄糖液等，必須注意。

碳酸飲料1瓶（500ml・可樂）

醣含量 57g

碳酸飲料很容易不小心飲用過量，攝取了大量糖。使用人工甘味劑的零卡飲料雖然血糖值不會上升，但感受甜味的胰島素會因而分泌，有可能會造成身體機能的紊亂。

蔬菜＆果汁（1罐200ml）

蔬菜汁雖然覺得很健康，但因商品添加的糖含量而有相當大的差異，水果比例較多的，也有200ml醣類含量超過20g以上的商品。

醣含量 17.4g

咖啡飲料（1杯200ml）

市售咖啡飲料大多添加了甜味劑，因此購買時請確認成分。選擇無糖的類型。

醣含量 16.4g

咖啡＋2顆方糖

方糖1個約3.3g，醣類含量也是3.3g，條狀包裝的砂糖也幾乎相同。咖啡或紅茶絕對禁止加糖。

醣含量 7.6g

優格飲（杯子1杯200ml）

雖然聽起來很健康，但因優格飲都有加糖，所以醣類含量較高，優格請務必選擇無加糖的商品。

醣含量 26g

想避開的食材 2

糕點·零食

糕點是加入砂糖，以麵粉或米等碳水化合物為材料製成，因此即使少量也是高醣量。零食類是以麵粉、馬鈴薯、米為材料。雖然鹽味或醬油味不甜，但醣類含量仍多，應該避免。

避開的重點

1. 糕點即使少量，醣類含量都很高，務必謹記在心
2. 要有意識零食雖然不甜，但仍集結了醣類
3. 不要買糕點或零食

煎餅（2大片·40g）

醣含量 35.2g

因為材料是米，所以也是高醣類含量，因蒸過後搗壓加工製成，容易消化，血糖值也因而容易上升。

蛋糕（奶油蛋糕1個·60g）

醣含量 25.8g

使用了鮮奶油，因此西式糕點醣類含量較日式糕點低，但1個就相當於一餐份的1/2醣類含量。

薯片（1袋·60g）

醣含量 30.3g

原料是馬鈴薯，所以是碳水化合物（醣類）。薯類加工成薯泥等，消化後很容易造成血糖值升高。

日式糕點（大福·1個70g）

醣含量 35.2g

材料是米或糯米、砂糖等。相較於使用鮮奶油的西式糕點，日式糕點的醣類更高，更容易發胖。

甜麵包（菠蘿麵包·100g）

醣含量 58.2g

材料是麵粉和砂糖，雖然很多人會以甜麵包作為正餐食用，但醣類含量比糕點更多。

餅乾（巧克力餅乾2片·60g）

醣含量 13g

材料是麵粉和砂糖等。每片都很小，很容易幾片就吃下肚了。

想避開的食材 3

白飯・麵包・麵

若能減少碳水化合物，效果更是顯著。完全不吃主食的門檻太高，
所以先從米飯減少至1/2～2/3碗開始吧。
減少的部分則用增加菜餚來補足，補足蛋白質是減醣的規則。

避開的重點

1. 米飯減少至半碗的程度，減少的部分則以蛋白質菜餚來補足
2. 義大利麵未煮時約以40g為限，烏龍麵、蕎麥麵則減至1/2球。增加肉類等食材
3. 8片切厚度的吐司1片為容許範圍

飯

飯糰・1個（100g）

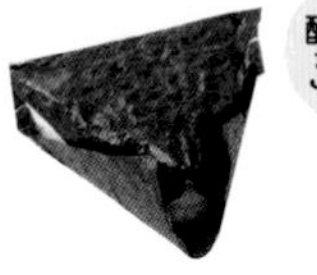

醣含量 39.0g

便利商店的飯糰1個約100g左右，所以加上其他的菜餚組合，也是選擇之一。請確認標示的成分。

米飯 1碗（150g）

醣含量 55.3g

僅1飯碗，就已經超過一餐的醣類攝取量（40～50g），因此請減至1/2或2/3碗。

麵

杯麵1杯

醣含量 45.7g

醣類含量高，以營養價值的觀點來看，不建議食用。

燙煮烏龍麵1球（200g）

醣含量 41.6g

很容易成為以碳水化合物為主的餐食，雖然應該避免，但無論如何都想吃的時候，請以1人份1/2球為準，並多放肉類及蔬菜。

燙煮蕎麥麵1球（200g）

醣含量 48.0g

很容易成為以碳水化合物為主的餐食，雖然應該避免，但無論如何都想吃的時候，請以1人份1/2球為準，並多放肉類及蔬菜。

義大利麵（未煮・80g）

醣含量 56.9g

很容易成為以碳水化合物為主的餐食，雖然應該避免，但無論如何都想吃的時候，請以1人份40g為準，並多放肉類及蔬菜。

麵包

三明治 1個

醣含量 29.2g

有其他食材，麵包的份量較少，醣類含量少於飯糰。依搭配的狀況，也能列入選擇。

調理麵包（炒麵麵包）1個

醣含量 48.0g

醣類含量高，以營養價值的觀點來看，不建議食用。

吐司麵包・8片分切1片

醣含量 22.3g

6片分切的厚度完全NG，但若是8片分切的厚度，1片（50g）OK。也有低醣類麵包的商品，能加以選擇。

想避開的食材 4

薯類·其他

薯類除了醣類含量高，也是容易不小心就過度食用的食材。
玉米不是蔬菜而是穀類，因此與米或小麥同樣地迴避吧。
果乾是將水果乾燥揮發水份，因此即使是少量也含有高醣類。

避開的重點

1 不要食用薯類
2 請視玉米為穀類，不是蔬菜
3 果乾即使少量，醣類含量也相當高，需要多注意

薯類

地瓜 (100g)

醣含量 30.3g

地瓜1小條約200g，醣類含量是60.6g。揮發掉水份的烤地瓜醣類含量更高。雖然食物纖維豐富，但醣類含量過高，也是應該避開的食材。

馬鈴薯 (100g)

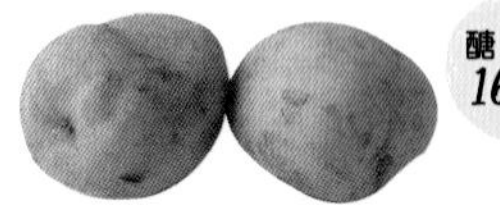

醣含量 16.3g

馬鈴薯1個約150g。例如一人份的馬鈴薯燉肉大約使用1個，調味上也帶有甜味，是減醣時NG的菜單。炸薯條或薯泥等料理，則會有過度食用的傾向。

芋頭 (100g)

醣含量 11.8g

芋頭(大)可食用部分約100g左右，是薯類當中相對醣類含量較低的。

山藥 (100g)

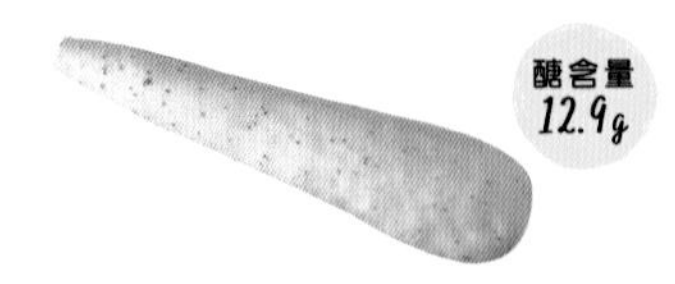

醣含量 12.9g

山藥是薯類當中相對醣類含量較低的，而且黏滑的成分具有像水溶性食物纖維般的作用。細長的山藥5cm約100g。

其他

甜玉米粒 (冷凍或罐頭·100g)

醣含量 16.6g

玉米是與米、麥並列的三大穀物之一。玉米罐頭是高醣類，應該避免食用，夏天當季的玉米也不例外。玉米1根實際重量約130g，醣類含量約18g。

果乾·葡萄乾 (100g)

醣含量 76.6g

高糖的水果乾燥後因除去了水份，即使體積小醣類含量仍是很高。雖然感覺對身體不錯，但還是應該避開為宜。

主要食材醣類含量表　其2

	食品名稱	糖含量(g)
雞蛋・大豆製品・乳製品	雞蛋　1個(50g)	0.1
	木棉豆腐　1塊(300g)	3.6
	絹豆腐　1塊(300g)	5.1
	油炸豆皮　1塊(35g)	0
	油豆腐　1塊(250g)	0.5
	納豆　1盒(40g)	2.1
	大豆(水煮)　100g	0.9
	豆漿　200ml	6.1
	牛奶　200ml	10.1
	原味優格・無糖　1小杯(50g)	2.5
	加工起司　6片裝1片(18g)	0.2
	卡門貝爾起司　1片(17g)	0.2
穀類(飯、麵包、麵類)	米飯　1碗(150g)	55.3
	米飯　4/5碗(120g)	44.1
	米飯　2/3碗(150g)	36.8
	玄米飯　1碗(150g)	51.3
	玄米飯　2/3碗(100g)	34.2
	玉米罐頭　100g	16.6
	吐司麵包　8片分切的1片	22.3
	義大利麵(未煮)　1餐分80g	56.9
	燙煮蕎麥麵　1餐分(200g)	41.6
	燙煮烏龍麵　1餐分(200g)	48
	燙煮中華麵　1餐分(180g)	50.3
水果	草莓　6個(100g)	7.1
	蘋果　1個(250g)	35.3
	橘子　1個(70g)	7.7
	奇異果　1個(100g)	11
	柳橙　1個(90g)	8.1
	梨　1個(250g)	26
	桃子　1個(10g)	16.9

	食品名稱	糖含量(g)
水果	香蕉　1根(85g)	18.2
	西瓜　100g	9.2
	葡萄柚　1個(210g)	18.9
	鳳梨　1片(100g)	11.9
零食	核桃　10粒(30g)	1.2
	杏仁果　9粒(10g)	1
	魷魚　5片(10g)	0
	綜合小魚乾　1小袋(20g)	5.9
	奶油泡芙　1個(60g)	15.2
	咖啡凍　1個(100g)	10.4
	布丁　1個(90g)	13.2
	香草冰淇淋　1小杯(50g)	11.2
	奶油蛋糕　1片(60g)	25.8
	餅乾　5片(50g)	24.4
	煎餅(鹽味)　2~3片(45g)	37
	甜餡餅　1個(50g)	28.1
調味料	砂糖　1大匙	8.9
	鹽　1小匙	0
	醬油(濃)　1大匙	1.8
	醬油(淡)　1大匙	1.4
	味噌(米)　1大匙	3
	豆類味噌(八丁味噌)　1大匙	1.4
	甜味噌　1大匙	5.8
	烤肉醬汁　1大匙	6.5
	麵醬油(3倍濃縮)　1大匙	3
	壽司醋　1大匙	6.3
	味醂　1大匙	7.8
	番茄醬　1大匙	4.6
	咖哩塊　1塊(18g)	7.3
	中濃醬汁　1大匙	4.5

※(　　)內是淨重

減醣×輕斷食

食譜篇

在此章節介紹有助減醣餐食的菜單。
醣類含量請以 1 人份為標準參考製作，
每餐的醣類含量在 40 ～ 50g 以下，
選擇自己喜歡的料理。
雖然米飯食用半碗左右無妨，
但為了想要餐食更具份量的人有所選擇，
也同時收錄了增量料理。

高蛋白質是基本。確實地攝取肉或魚類

1天想要攝取蛋白質含量的參考標準

相對於體重1公斤，蛋白質含量為1.5～1.6g

↓

體重60公斤的人，則是

60×1.5＝蛋白質含量90～96g

為參考標準

以食材攝取蛋白質含量的參考標準

- **肉或魚類100g→ 蛋白質含量　20g**
- **雞蛋1個 → 蛋白質含量　約6g**
- **納豆1盒（40g）→ 蛋白質含量　約7g**
- **木綿豆腐1/3塊（100g）→ 蛋白質含量　約7g**

將每天必需的蛋白質含量換算成食材時，肉250g＋魚1片100g＋雞蛋2個＋納豆1盒＋木棉豆腐1/3塊＝蛋白質含量約96g。

也是為了攝取動物性脂肪，請確實食用含有豐富蛋白質的食材吧。提到這個，經常有人說「肉類卡路里太高」、「吃肉會讓胃不舒服」。首先，請不需要考慮卡路里，只要考慮1天能達成的蛋白質含量即可。

說胃會不舒服的人，不論蛋白質是否足夠，可能是胃液等消化酵素沒有被充分製造出來。這種狀況下，若一次食用大量的肉類，容易導致消化不良。可以先從切片的魚肉、絞肉、雞里脊等，容易消化的食材開始，之後再少量逐次地增加分量。

若要確實食用肉類，那就是烤肉了。
肉的種類和蔬菜，只要容易購得的就OK

味噌醬成吉思汗烤肉

memo

一旦在醬汁中添加了味噌或優格，就能利用麴菌或乳酸菌的作用，使堅硬的肉質變軟，增添美味。蔬菜方面，使用茄子、韭菜、高麗菜等也十分美味。

材料（1人份）

羔羊薄切肉片（或是豬和牛的燒烤用肉片、邊角碎肉）……200g
豆芽菜……1袋（200g）
杏鮑菇……80g
甜椒（紅、黃）……混合1/4個
Ⓐ
- 味噌、原味優格……各2大匙
- 味醂……1/2大匙
- 蒜泥……1小匙

製作方法

1 在缽盆中放入Ⓐ混合，加入肉類混拌，靜置約20分鐘。

2 豆芽菜若是在意可以摘除鬚根。杏鮑菇、甜椒都切成方便食用的大小。

3 高溫加熱鐵板燒烤盤，邊燒烤*1*、*2*邊享用。（吉田）

雞肉火腿使用的是市售品，醬汁下點工夫做成辣味。
撒上堅果提味

四川風味中華醬汁淋雞肉火腿

材料（1人份）

雞肉火腿（沙拉雞肉等市售品）		1個
A	蔥（切碎）	1/3根
A	醬油	1大匙
A	醋	1大匙
A	芝麻油	1小匙
A	辣油、蜂蜜	各1/2小匙
花生		2大匙
小番茄		2個
香菜		適量

製作方法

1. 雞肉火腿切成1.5cm厚，盛盤。
2. 在缽盆中混合Ⓐ拌勻，製作醬汁。花生略切成粗粒。小番茄切成月牙狀。香菜大略分切。
3. 將醬汁澆淋在*1*表面，擺放小番茄，撒上花生、香菜。（吉田）

memo

添加了堅果，可以成為提味的亮點，也能攝取到來自植物的優良脂質。使用杏仁果更能增添維生素E。

醣含量
11.7g

金黃焦香的煎雞肉和沙拉蔬菜的組合。
是減醣的人氣菜單

香煎雞肉沙拉

材料(1人份)

- 雞腿肉——1片(250g)
- 鹽、胡椒——各少許
- 番茄——1/2個
- 萵苣葉——3片
- 生菜嫩葉——適量
- 大蒜(切成薄片)——1瓣
- Ⓐ 奶油——2小匙(8g)
- Ⓐ 醬油——1大匙
- Ⓐ 酒、味醂——各1/2大匙
- 橄欖油——1大匙

製作方法

1. 雞肉上撒鹽、胡椒，於室溫中靜置10分鐘左右。番茄切成月牙狀，萵苣撕成一口大小。
2. 平底鍋中放入橄欖油、大蒜，以小火加熱，待大蒜呈黃金色澤後取出。
3. 雞皮朝下地放入鍋中，蓋上鍋蓋，以中火煎7～8分鐘，煎至表面呈金黃色澤。上下翻面，同樣煎7～8分鐘。
4. 拭去平底鍋中多餘的油脂，加入Ⓐ，以大火收汁並使雞肉沾裹醬汁。
5. 分切雞肉，連同**1**的蔬菜、生菜嫩葉一同盛盤。撒上**2**的大蒜片。

(吉田)

memo

在醬汁中添加奶油，可以提升濃郁口感。藉著確實攝取脂質得到高度的飽足感，也不容易感到飢餓。也可以增加橄欖油的分量取代奶油。

醣含量 10.4g

醣含量
21.3g

與蔬菜一同烹調，
能增量又能增添美味一舉兩得

香煎豬里脊

memo
也可用青蔥、茄子等來取代洋蔥，替換別種菇類都 OK。擔心醣類含量時，可以省略番茄醬改用醬油也很美味。

材料(1人份)

豬肩里脊肉(薑燒豬肉用)		200g
A	鹽	2小撮
A	胡椒	少許
A	太白粉	1/2大匙
洋蔥		1/4個
鴻禧菇		50g
生菜嫩葉		適量
B	番茄醬	1大匙
B	伍斯特醬汁、酒	各1大匙
B	味醂	1/2大匙
橄欖油		2小匙

製作方法

1 豬肉切成薄片，撒上A。洋蔥切成薄片、鴻禧菇除去底部分成小株。

2 加熱平底鍋中的橄欖油，拌炒至洋蔥轉為透明。

3 將洋蔥撥到鍋邊，加入1的豬肉煎至兩面呈現金黃色澤。加入鴻禧菇，全體翻拌至炒熟。

4 加入B混拌，使煮汁沾裹全體食材。盛盤，佐以生菜嫩葉。 (吉田)

牛排是低醣料理中最不可少的菜色。
務必要能熟練上手

牛排佐番茄醬汁

材料（1人份）

- 沙朗牛肉（牛排用）——150g（約厚1.5cm）
- 鹽、胡椒——各少許
- Ⓐ
  - 番茄——1個
  - 洋蔥——1/4個
  - 奶油——略少於1大匙（10g）
  - 酒——2小匙
  - 粒狀高湯粉——1/2小匙
  - 鹽——少許
- 橄欖油——1小匙

製作方法

1. 牛肉從冷藏室取出置於室溫約30分鐘，撒上鹽、胡椒。將Ⓐ的番茄、洋蔥略切碎。
2. Ⓑ在平底鍋中用大火加熱橄欖油，放入牛肉煎1分30秒，翻面再煎1分鐘。取出置於方型淺盤上，用鋁箔紙包覆，置於室溫下7～10分鐘。
3. 用Ⓐ製作醬汁。期間將奶油、洋蔥放入平底鍋，加鹽拌炒。待洋蔥變得透明後，加入番茄、粒狀高湯粉、酒拌炒。番茄煮至軟爛產生濃稠時，熄火。
4. 牛排斜切成片後盛盤，佐以3的醬汁，若有可以再佐上西洋菜。（吉田）

memo

煎的時間以「三分熟 medium rare」為參考標準。若是「五分熟 medium」則是2分鐘→翻面1分鐘30秒。全熟 well-done則是2分鐘30秒→翻面2分鐘為參考標準。

醣含量
10.0g

醣含量
11.0g

memo
使用豬五花肉，就可以同時攝取蛋白質和脂質。因含較多脂質，所以微波加熱也不會使豬肉變硬，豬肉釋出的美味脂質也會滲入茄子中。

豬肉排放在茄子上，以微波加熱。
完成時澆淋上香味醬汁

中式蒸茄子豬五花

材料（1人份）

豬五花薄切肉片	200g
茄子	小型3個（210g）
萵苣	80g
鹽	少許
Ⓐ 薑泥、蒜泥	各1/2小匙
Ⓐ 醋醬油	2大匙
Ⓐ 芝麻油	2小匙

製作方法

1. 茄子縱向切成7mm厚，浸泡於水裡幾分鐘後取出瀝去水份。豬肉配合茄子的長度分切。萵苣切成細絲舖放在耐熱容器上。
2. 每片茄子上排放1～2片豬肉片，放射狀擺放在萵苣上，撒上鹽。
3. 包覆保鮮膜放入微波爐（600W）中加熱6～7分鐘。
4. 取出，除去保鮮膜，混拌Ⓐ，以圈狀澆淋在表面。

（吉田）

香煎(Piccata)是沾裹上蛋液再煎的料理。
加上粉狀起司可以讓滋味更有深度

香煎小里脊

memo

使用其他肉類，像是雞胸肉也很美味。若在蛋液中添加美乃滋，煎時不但肉不會柴還能更潤滑美味。

材料(1人份)

- 豬小里脊或肉塊——200g
- 鹽、胡椒——各少許
- A
  - 蛋液——1個
  - 太白粉——2小匙
  - 美乃滋——2又1/2大匙(30g)
  - 粉狀起司——1大匙(6g)
  - 巴西里(切碎)——2支

製作方法

1. 豬肉切成1～1.5cm厚，用肉槌敲打延展肉片。兩面撒上鹽、胡椒。
2. 製作蛋糊。將Ⓐ放入塑膠袋內，從袋外充分揉搓使其混合沾裹。
3. 豬肉沾裹住蛋糊後排放至平底鍋中。加熱，蓋上鍋蓋煎約5分鐘，待出現金黃色澤後翻面，同樣再煎5分鐘。
4. 盛盤，依個人喜好佐以巴西里、小番茄。（吉田）

取代烤箱
用平底鍋也能蒸烤

包烤鮭魚蕈菇

材料(2人份)

新鮮鮭魚	2片
鹽	1小撮
香菇	2個
蔥	1/3根
醬油	1小匙
奶油	10g
檸檬(切成月牙狀)	2片

製作方法

1. 鮭魚撒上鹽靜置約10分鐘,用廚房紙巾拭乾水份。
2. 香菇除去菇蒂,斜向片切成4等分。蔥斜切成薄片。
3. 攤開2片鋁箔紙(長25cm左右),各別依序擺放蔥、香菇、鮭魚。表面擺上剝成小塊的奶油,淋上醬油後以鋁箔紙包覆起來。
4. 放入烤箱以200～230℃烘烤10～12分鐘。盛盤,搭配檸檬角。

memo

除了鮭魚,也可以用鱈魚、雞胸里脊、薄切豬肉片。除了香菇之外也可以用金針菇、鴻禧菇,蔬菜也建議使用茄子或番茄。用平底鍋製作時,蓋上鍋蓋蒸烤10～15分鐘。

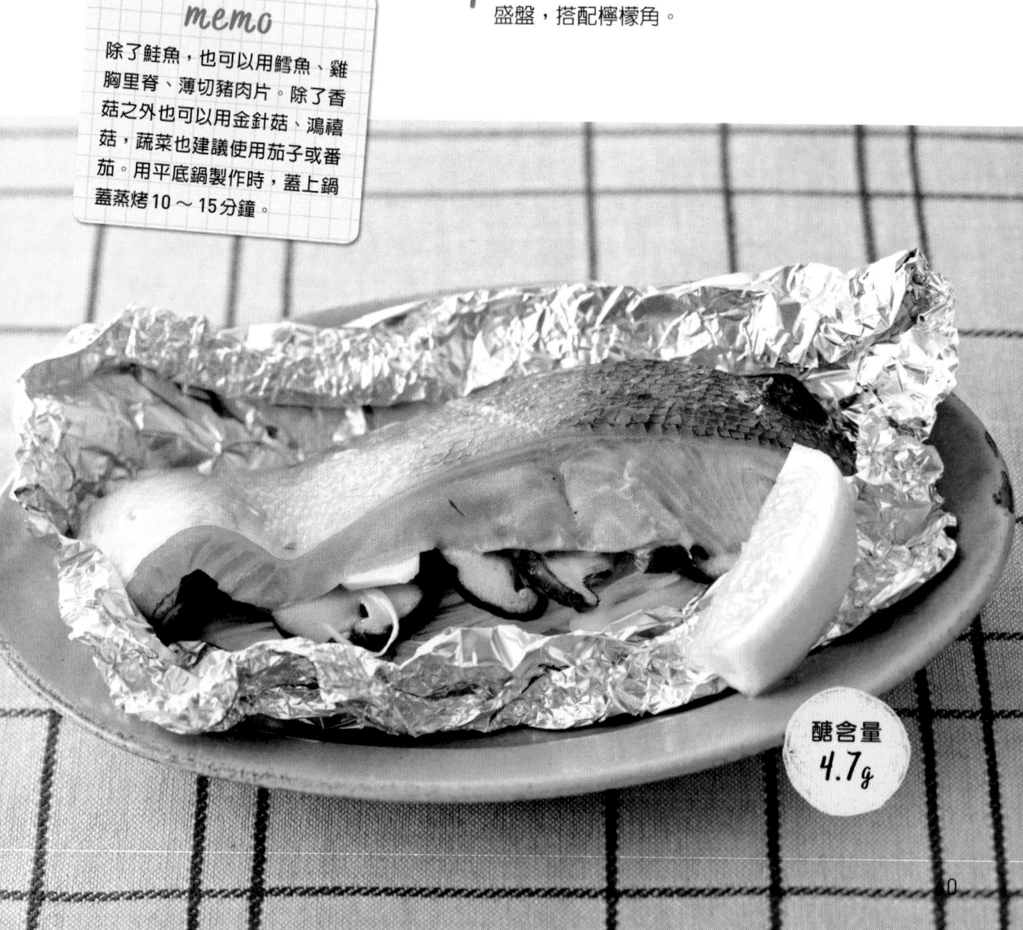

醣含量
4.7g

將食材排放在平底鍋中，蓋上鍋蓋煎而已。
咖哩風味是提味之處

咖哩燜蒸鮭魚蔬菜

材料（1人份）

新鮮鮭魚	1片
鹽	少許
紅蘿蔔	縱向1/4根
高麗菜	1片
Ⓐ 酒	2小匙
Ⓐ 醬油	1小匙
咖哩粉	少許

製作方法

1. 在鮭魚表面撒上鹽。紅蘿蔔用刮皮刀薄薄刨削成緞帶狀。高麗菜粗略切塊。
2. 將高麗菜、紅蘿蔔鋪放在平底鍋中，擺放上鮭魚。混合Ⓐ澆淋，再撒上咖哩粉。
3. 蓋上鍋蓋加熱，平底鍋變熱後轉為小火烘蒸10分鐘，待鮭魚和蔬菜都受熱煮熟即完成。（岩﨑）

memo

鮭魚之外，也可用鯛魚、鰤魚等魚片來取代，香煎用的豬肉等等也可以。蔬菜還能用青椒、甜椒、綠蘆筍等也很好吃。

醣含量
5.8g

memo

義式水煮魚的調味是以鹽味為基礎，相較於使用砂糖和醬油的日式煮魚，醣類含量較少令人欣喜。魚類的挑選，還可以用紅金眼鯛、鱸魚、黑睦等白肉魚也很適合。

義大利風味的煮魚。
確實在油脂中拌炒大蒜，釋出香氣就是重點

白肉魚和萵苣的義式水煮魚 (acqua pazza)

材料(1人份)

鯛魚	1片
小番茄	5個
萵苣	2片
大蒜	1/2瓣
鹽、胡椒	各適量
Ⓐ 白酒	2大匙
Ⓐ 水	100ml
橄欖油	1小匙

製作方法

1. 在鯛魚表面撒上少許鹽、胡椒。
2. 在平底鍋中放入大蒜和橄欖油，以小火加熱，確實拌炒大蒜。
3. 加入鯛魚，迅速煎熟兩面，倒入Ⓐ煮至沸騰。蓋上鍋蓋煮約7～8分鐘。
4. 撒入1/5小匙的鹽、少許胡椒，加入撕開的萵苣，加入小番茄，迅速煮熟。 (岩崎)

疲累且回家太晚時最適合的菜單。
只要將市售的生魚片盛盤即可

生魚片沙拉

材料(1人份)

綜合生魚片——1人份(100g)
綠色紫蘇葉——2片
萵苣——2片
水菜——1株(30g)

A
- 醃梅——1/2個
- 膏狀芥末、鹽——各少許
- 醋——1/2小匙
- 橄欖油——1又1/2小匙

製作方法

1 用手撕開青色紫蘇葉、萵苣。水菜切成3cm長。混合蔬菜盛盤，擺放生魚片。

2 將Ⓐ的醃梅去籽切碎，與其他材料混拌，一起淋在*1*上。（岩崎）

memo

只要是可以生食的蔬菜，什麼種類都可以，但選擇顏色較深的蔬菜維生素較多，能提高營養成分。醬汁若是嫌麻煩也可以用市售品。

醣含量 1.5g

memo
綠花椰菜直接烘烤時很難熟透，所以先燙煮後再使用。若覺得麻煩，也可以撒上少量的水，放入微波爐（600W）加熱2分鐘。

不使用白醬，
利用美乃滋製作醬汁就能完成減醣焗烤

焗烤風味的綠花椰菜和干貝

材料（2人份）

- 新鮮干貝……6個
- 綠花椰菜……180g
- 披薩用起司……50g
- 鹽、胡椒……各適量
- 美乃滋……各5大匙
- 牛奶……2大匙
- 粗碾黑胡椒……少許

製作方法

1. 花椰菜切分成小株，太大的可以再對半切。
2. 在鍋中煮沸大量熱水，加入少許鹽，放入花椰菜約煮1分鐘，用濾網撈出瀝乾水份。
3. 美乃滋放入缽盆中，倒進牛奶攪拌，撒入少許的鹽、胡椒。
4. 加入干貝、綠花椰菜使全體混拌沾裹。放入耐熱容器內，撒上起司送入烤箱中烘烤約15分鐘，出爐後撒上黑胡椒。（大庭）

醣含量
3.8g

memo
蝦子藉著利用辛香蔬菜、牛奶等調味，可以除去腥味。不剝殼拌炒可以使蝦肉不容易收縮，完成時也不會太乾柴。

冷凍蝦便於保存，
建議可以常備的蛋白質食材

燜炒蝦與綠花椰菜

材料（2人份）

蝦子（黑虎蝦、冷凍）——200g
綠花椰菜——100g
大蒜（切碎）——1/2小匙
Ⓐ
- 洋蔥（薄片）——1/8個
- 大蒜（切碎）——1小匙
- 牛奶、檸檬汁、酒——各1小匙
- 橄欖油——1小匙
- 鹽——1/4小匙

椰子油——多於1大匙

製作方法

1. 蝦子解凍，洗淨後瀝乾水份，帶殼地在蝦背劃開，除去腸泥。
2. 在缽盆中放入Ⓐ混拌，加入蝦子揉搓入味，靜置10分鐘。
3. 綠花椰菜切成方便食用的大小，放入耐熱容器內，加1小匙的水，包覆保鮮膜以微波爐（600W）加熱1分鐘30秒～2分鐘。
4. 在平底鍋中放入椰子油和大蒜加熱，待散發香氣後，加入2，蓋上鍋蓋加熱至蝦子變色。加入3，以略強的中火拌炒約1分鐘，盛盤。　（吉田）

便宜且營養豐富。雞蛋1天2個以上，吃吧！

雞蛋是營養價值很高的食材。1天**2**個、有運動的人**3**個是參考標準。

可以買來備用

脂質 5.2g
能成為細胞膜等的材料

維生素A 75μg
能強健皮膚與黏膜，提高免疫力

0.22mg
與脂質的代謝有很深的關連

維生素 B_6 0.04mg
與蛋白質的代謝有關

維生素E 0.5mg
可以保護細胞、防止氧化，保持肌膚水潤

鋅 0.7mg
與蛋白質的合成、強化免疫力、促進荷爾蒙的分泌有關

醣類 0.1g

蛋白質 6.2g

含有共9種的必需氨基酸
構成蛋白質的20種氨基酸之中，人體無法合成必須由餐食中攝取的氨基酸稱為「必需氨基酸」，雞蛋當中就含有共9種必需氨基酸。

鐵 0.9mg
是紅血球成分，血紅素(Hemoglobin)的重要材料

鈣 26mg
除了可以成為骨骼和牙齒的材料之外，也有助於保持肌肉和神經的正常運作

雞蛋因含較多的膽固醇，長期以來都被誤認為1天最多只能食用1個。以前日本厚生勞働省的餐食攝取標準中，雖然設定了1天攝取的目標分量，但並沒有充分的科學根據，因此從2015年的版本開始，就廢除了目標分量(上限數值)。

膽固醇也可以由體內製造出來調整血液中的量，因此即使食用了膽固醇較多的食材，血液中的膽固醇值也不會因而增加。雞蛋是簡單可以取得的蛋白質來源，1天請食用2～3個。

醣含量
2.0g

memo

避免使用薯類或南瓜等醣類較高的食材。加入菇類、櫛瓜、白花椰菜、綠蘆筍等可以增加體積做出十足的份量。

食材拌炒後與雞蛋混拌，
倒入平底鍋中蓋上鍋蓋烘煎

西班牙風格的洋菇歐姆蛋

材料(2人份)

雞蛋	3個
洋菇	1包(100g)
小松菜	1株(50g)
洋蔥	1/4個
鹽	1/2小匙
胡椒	少許
橄欖油	1又1/2大匙

製作方法

1. 洋菇一半的分量切成薄片，一半分量切成4等分。小松菜切成2cm長。洋蔥以切斷纖維的方向切成薄片。
2. 平底鍋中放入1/2大匙橄欖油加熱，放入洋蔥拌炒。拌炒至洋蔥變軟後，加入洋菇、小松菜拌炒。
3. 將雞蛋打入缽盆中打散，撒上鹽、胡椒，加入**2**混拌。
4. 在**2**的平底鍋中加入1大匙橄欖油加熱，倒入**3**，邊迅速攪拌邊加熱。待全體呈半熟狀態後蓋上鍋蓋，以較小的中火烘煎4～5分鐘。底面呈煎色澤後，翻面，同樣煎3～4分鐘。
5. 分切成方便食用的大小，盛盤。 （吉田）

以韓式煎餅的材料，但不使用麵粉。
換成用雞蛋達到低醣含量

韮菜雞蛋韓式煎餅

材料(2人份)

雞蛋	4個
韮菜	1/2把
蟹味棒	3～4根(30～40g)
鹽	1小撮
胡椒	少許
芝麻油	2小匙
酸橙醋醬油、辣油	各適量

製作方法

1 韮菜切成2cm長。蟹味棒撕成細長條。

2 在缽盆中打入雞蛋攪散，放入鹽、胡椒，加入*1*，充分混拌。

3 在略小的平底鍋中加熱芝麻油，倒入*2*，在鍋中攤平蛋液，蓋上鍋蓋烘煎約3分鐘。待煎出烤色後，翻面再煎約1分鐘30秒。

4 切成方便食用的大小，盛盤。蘸上酸橙醋醬油、辣油等享用。（吉田）

memo

食材還可以用綜合海鮮或豬絞肉替換。也可依個人喜好撒上起司，就能同時補充蛋白質、鈣質。

醣含量
2.5g

雞蛋＋罐頭。
常備的食材就能完成的快速料理

鮪魚青椒歐姆蛋

材料(1人份)

雞蛋	3個
鮪魚罐頭	1小罐
青椒	1個
鮮奶油(或牛奶)	1大匙
鹽、胡椒	各少許
奶油	略多於1大匙(15g)

製作方法

1 青椒切成8mm的小塊狀。鮪魚瀝去罐頭湯汁。

2 在缽盆中打入雞蛋攪散，加入鮮奶油、鹽、胡椒充分混拌。加入1混合拌勻。

3 在燒熱的平底鍋中融化奶油，倒入2，用略強的中火邊大動作攪動邊加熱。待加熱至半熟後，撥至一側，整型使其成為半月狀。

4 盛盤，依個人喜好撒上少許的醬油、胡椒。

(平岡)

memo

除了鮪魚之外，還可以用水煮的鯖魚罐頭等替換。青椒有豐富的維生素C、食物纖維，因此能確實補充雞蛋所沒有的營養素。

醣含量
2.2g

memo

微波爐是利用微波加熱食材中所含的水份，因此像蛋黃般有薄膜包覆的食材，蒸氣無法發散時會造成破裂。加熱前，請務必用牙籤刺出孔洞。

用微波爐就能完成!
不使用平底鍋也完成太陽蛋的製作方法

高麗菜絲窩蛋

材料(2人份)

雞蛋	2個
高麗菜	3大片(300g)
鹽	略多於1/3小匙
粗碾黑胡椒	適量

製作方法

1. 高麗菜切絲，加入鹽充分混拌。
2. 在耐熱盤上均勻舖放高麗菜，打入雞蛋。用牙籤在蛋黃上刺出孔洞，覆蓋保鮮膜以微波爐(600W)加熱約2分鐘，撒上胡椒。 (浜內)

只要將食材拌炒再加入滑嫩的蛋即可。
不需要做成圓形，大家都能簡單完成

拌炒蟹肉蛋

材料（2人份）

雞蛋……3個
鴻禧菇……1/3包
蔥……10cm
剔散的蟹肉（或蟹肉棒）……100g
鹽、胡椒……各少許
酒、芝麻油……各2小匙
醬油……1大匙
橄欖油……1大匙

製作方法

1 雞蛋敲開攪散。鴻禧菇切去根部撥散。蔥斜切成薄片。

2 在平底鍋中加熱橄欖油，放入鴻禧菇、蔥、蟹肉拌炒。待全體沾裹上油脂後，撒上鹽、胡椒，加入酒拌炒。

3 倒入雞蛋，邊大動作拌炒邊用大火加熱。待雞蛋炒至半熟時熄火，加入芝麻油、醬油，迅速混拌，依個人喜好撒入胡椒。（平岡）

memo

蟹肉炒蛋大多會勾芡，但在此省了麻煩，也能減少醣類含量。最後用芝麻油和醬油調味，直接就能盛盤。

醣含量 2.6g

醣含量
18.7g

memo
牛蒡，含有豐富益生菌所需的水溶性食物纖維，為了能容易地煮熟而削成薄片。煮汁當中不添加砂糖，僅以味醂調味降低醣類含量！

將蛋加入和食燉煮，
就能大幅提高營養價值

蛋炒牛肉和牛蒡

材料（2人份）

雞蛋……2個
碎牛肉……200g
牛蒡……1根（80g）
蔥……1/2根
舞菇……50g
Ⓐ 味醂、酒……各2又1/3大匙（35ml）
Ⓐ 醬油……1又1/3大匙（20ml）
Ⓐ 水……100ml
鴨兒芹……適量

製作方法

1 牛肉切成方便食用的大小。雞蛋敲開攪散。牛蒡削成薄片，浸泡於水中約5分鐘後用濾網撈起。蔥斜切成薄片。舞菇分切成小株。

2 在鍋中放入Ⓐ加熱，煮至沸騰後加入牛蒡煮約1分鐘。依序放入牛肉、蔥、舞菇，蓋上鍋蓋，煮3～4分鐘。

3 圈狀澆淋雞蛋後熄火，蓋上鍋蓋燜蒸1分鐘。

4 盛盤，擺放切好的鴨兒芹。（吉田）

醣含量
3.8g

牡蠣用芝麻油煎香兩面，
能和緩其獨特的腥味

蛋炒牡蠣和韭菜

memo
牡蠣具有能提升細胞新陳代謝的鋅含量，是食材中最高的。牡蠣也可以用蛤蜊肉來代替。

材料(2人份)

雞蛋	3個
牡蠣	8個
韭菜	2根
鹽、胡椒	各少許
酒	1小匙
中式高湯粉	1/2小匙
芝麻油	2小匙

製作方法

1. 用3大匙鹽(分量外)撒在牡蠣上揉搓，用水沖洗後以濾網撈起，瀝乾水份。雞蛋敲開攪散，加入鹽、胡椒混拌。韭菜切成1cm長。
2. 在平底鍋中加熱芝麻油，放入牡蠣，煎至兩面呈金黃色澤。加入酒、中式高湯粉拌炒，再放入韭菜拌炒。
3. 澆淋上蛋液，邊大動作攪拌邊用大火拌炒。待雞蛋呈半熟狀態後熄火。 (平岡)

用優質油脂烹調大量蛋白質和蔬菜

一天中攝取的脂質份量，請以100～150g為參考標準。脂質，不僅是烹調用的油脂，也包含在肉類或魚類等食材中。雖然沒有必要嚴密地進行計算，但各式種類、部位的肉類或魚類、蛋、堅果等，脂質豐富的食材均衡食用，加上烹調時，一餐大約1～2大匙即可。

烹調油脂，除了橄欖油和椰子油之外，也建議使用奶油。動物性脂肪有較多飽和脂肪酸，因此一直被認為不利於健康，但現在的認知改變了。因為適合加熱，所以請務必試著使用在烹調上。

推薦的油類

不加熱(生食用)

亞麻仁油、紫蘇油

富含Omega 3類的脂肪酸。具有順暢血液、抑制過敏症狀及發炎的效果。不耐熱，因此用於生食。

攝取方法？

食材中也含有脂質，因此食用肉類、魚類、雞蛋、蔬菜和堅果，再加上拌炒澆淋的烹調用油，1餐約可使用1～2大匙(13～26g)。

加熱用

橄欖油

Omega 9類的不飽和脂肪酸較多，較不容易氧化，因此加熱或生食都能使用。

奶油

是飽和脂肪酸，抗氧化力強。常溫下是固體，所以加熱融化後使用。

椰子油

成分中約有60%以上是中鏈脂肪酸，容易被分解成酮體。抗氧化力強，常溫下是固體，所以加熱融化後使用。

✕想要避開的油

沙拉油

Omega 6類的脂肪酸，有可能會促進引發過敏症狀，因此要注意避免攝取過量。

乳瑪琳或起酥油

含有造成心臟病或動脈硬化的反式脂肪，因此使用時請確認標示。

memo

蔬菜還可以使用青椒、甜椒、甜豆、燙煮的筍替換。醃牛肉時添加太白粉，加熱時可以避免肉質變硬。

大量使用油脂的拌炒，只要選優質油脂也很健康

牛肉炒蘆筍

材料(2人份)

- 牛邊角肉——200g
- A
  - 鹽——1小撮
  - 胡椒——少許
  - 酒——1/2大匙
  - 太白粉——1大匙
- 綠蘆筍——3根
- 番茄——1個
- 薑泥——1小匙
- B
  - 醬油、味醂——各1大匙
  - 蠔油——1/2大匙
- 橄欖油——2大匙

製作方法

1. 依序加入牛肉、A充分揉和。
2. 切除蘆筍堅硬的部分，用刮皮刀刮除下半段的表皮。在鍋中煮沸熱水，燙煮蘆筍2～3分鐘，待略散熱後斜切成3cm長段。
3. 番茄切成8等分的月牙狀。混合B。
4. 在平底鍋中放入1大匙橄欖油和薑泥加熱，煎烤**1**的牛肉。待牛肉變色後，加入**2**、**3**，繼續拌炒。
5. 番茄炒至軟爛後，用B調味，撒上1大匙橄欖油混拌。（吉田）

韓國風辣味烹調
加入了蒟蒻絲份量十足的炒蔬菜

韓式烤牛肉和蒟蒻絲

材料（2人份）

- 牛肉薄片（烤肉用）——200g
- Ⓐ 鹽、胡椒——各少許
- Ⓐ 太白粉——1大匙
- 蒟蒻絲——100g
- 韭菜——1/3把
- 甜椒（紅）——1/4個
- 薑泥、蒜泥——各1/2小匙
- 豆瓣醬——1/4小匙
- Ⓑ 醬油——1大匙
- Ⓑ 酒、蜂蜜——各1/2大匙
- 芝麻油——1/2大匙
- 炒香白芝麻——2小匙

製作方法

1. 牛肉切成1.5cm寬，放入缽盆中，加入Ⓐ混拌。
2. 蒟蒻絲用熱水燙煮1分鐘，用濾網撈起瀝乾水份，切成方便食用的長度。韭菜切成4～5cm的長度，甜椒切成細絲。
3. 在平底鍋中加熱芝麻油，拌炒薑泥、蒜泥和豆瓣醬。待散發香氣後加入*1*的牛肉，繼續拌炒。
4. 待牛肉變色後，依序加入甜椒、蒟蒻絲、韭菜，每次加入後都拌炒均勻。加入Ⓑ，再加以拌炒混合。完成後撒上芝麻。（吉田）

memo

本來使用的粉絲改為蒟蒻絲。蒟蒻絲的醣類含量約是粉絲的1/20，是減醣的最佳夥伴。如果擔心蜂蜜的醣類含量時，也可以省去不用。

醣含量
8.7g

使用了豬肉、豆腐、雞蛋等。
一道菜餚就能充分攝取到蛋白質

豬肉拌炒豆腐

材料（2人份）

豬邊角肉	150g
木綿豆腐	200g
茄子	大的1個
鮪魚罐頭（油漬）	1小罐
雞蛋	2個
Ⓐ 蠔油	1又1/2大匙
Ⓐ 味醂、醬油、酒	各1/2大匙
橄欖油	2小匙
柴魚片	適量

製作方法

1. 豆腐用廚房紙巾包覆，以微波爐（600W）加熱2分鐘後，瀝乾水份。瀝去鮪魚的油脂。雞蛋敲開攪散。
2. 茄子切成一口大小的滾刀塊。豬肉若較大塊，則切成方便食用的大小。
3. 在平底鍋中加熱橄欖油，拌炒至豬肉變色。加入茄子拌炒，待沾裹油脂後，加入豆腐、鮪魚、Ⓐ，混合拌炒。
4. 將食材撥至一邊，將蛋液倒入鍋中，拌炒至半熟後與全體混拌。
5. 盛盤，擺放柴魚片、依個人喜好切成方便食用的蘿蔔嬰。（岩田）

memo

使用了茄子，就成了一道份量十足又有口感的炒蔬菜。若使用的是小松菜或水菜，切菜時也很輕鬆，維生素C或E的礦物質更豐富。

醣含量
7.5g

memo
高麗菜先拌炒後先盛起，其餘材料拌炒後，最後再將高麗菜放回鍋中，如此就能保持清脆的口感。

在經典菜色泡菜豬肉中，
添加了高麗菜和洋蔥就能大幅增量

高麗菜和洋蔥的豬肉炒泡菜

材料(2人份)

豬邊角肉	150g
鹽、胡椒	各少許
高麗菜	1/4個(約250g)
洋蔥	1/4個
白菜泡菜	200g
鹽麴	1大匙
醬油	1～1又1/2小匙
芝麻油	2又1/2小匙

製作方法

1. 豬肉切成方便食用的大小，加入鹽和胡椒揉和。洋蔥切成1cm厚的月牙狀。高麗菜撕成方便食用的大小。泡菜切成方便食用的大小。
2. 在平底鍋中加熱芝麻油1又1/2小匙，用大火拌炒高麗菜。待顏色變得鮮艷後，取出置於方型淺盤上。
3. 在平底鍋中加熱1小匙芝麻油，攤平放入豬肉煎炒。待表面變色後，加入洋蔥拌炒，全體食材沾裹油脂後，加入泡菜和鹽麴，混合拌炒。
4. 放回高麗菜混合拌炒，圈狀淋入醬油混拌。 （植松）

中華料理的人氣菜色，豬肉和高麗菜的味噌拌炒

回鍋肉

材料（2人份）

豬五花薄片	200g
高麗菜	250g
青椒	2個
大蒜	1瓣
紅辣椒	1根
酒	1大匙
Ⓐ 甜麵醬（沒有的話，就用味噌）	3大匙
Ⓐ 醬油	1大匙
芝麻油	1大匙

製作方法

1. 高麗菜切成4～5cm的塊狀。青椒縱向對半切後再分切成2～3等分。大蒜縱向切成2～3片。紅辣椒斜向對切去籽。
2. 豬肉切成3～4cm長。混合拌勻Ⓐ。
3. 在平底鍋中加熱芝麻油，拌炒青椒、高麗菜，待炒至蔬菜變軟後，取出。
4. 在同一個平底鍋中放入豬肉、大蒜、紅辣椒，攪散般地拌炒至肉類表面變色後，撒上酒，加入Ⓐ混合拌炒。
5. 將3的蔬菜放回鍋中，撒上少許芝麻油（分量外），混合拌炒。（大庭）

醣含量 11.1g

memo

維生素C不耐加熱，因此蔬菜和肉類分別拌炒，最後一起混合。縮短加熱時間，可以減少維生素C的流失，優點是也不會炒出過多的湯汁。

memo

雞肉要加熱至中央部分全熟，因此先蓋上鍋蓋，之後再加入蔬菜拌炒。杏鮑菇也可用鴻禧菇或香菇、舞菇來取代。

避免芥末籽醬的香氣散失，
最後添加就是製作的重點

黃芥末拌炒雞肉和杏鮑菇

材料（2人份）

雞腿肉	1片（250g）
鹽	1/4小匙
胡椒	少許
杏鮑菇	1包
洋蔥	大的1/2個
Ⓐ 鹽	1/3小匙
Ⓐ 胡椒	少許
芥末籽醬	2大匙
橄欖油	適量

製作方法

1. 杏鮑菇長度切成2～3等分，再縱向2～3等分。洋蔥切成3cm塊狀。
2. 雞肉切成3～4cm的塊狀，撒上鹽、胡椒。
3. 在平底鍋中加熱少許橄欖油，放入雞肉煎燒兩面，蓋上鍋蓋蒸燒。
4. 在平底鍋中補足1大匙橄欖油，拌炒至杏鮑菇變軟，加入洋蔥再繼續拌炒。待食材沾裹油脂後，加入Ⓐ、芥末籽醬混合拌炒。

（大庭）

蔬菜的綠與蝦仁的紅，色彩鮮艷的成品，只用鹽不用醬油才能完成的菜色

鹽炒蘆筍蝦仁

材料（2人份）

- 蝦仁（小）——150g
- 太白粉——1小匙
- 綠蘆筍——2把（250g）
- 鹽——適量
- 酒——1大匙
- 胡椒——少許
- 橄欖油——1又1/2大匙

製作方法

1. 蘆筍切去根部2～3mm，用刮皮刀削去下半部的硬皮，切成4～5等分的長度。
2. 除去蝦背腸泥洗淨後，拭乾水份，撒上太白粉。
3. 在平底鍋中加熱1/2大匙橄欖油，放入蘆筍，撒上少許的鹽拌炒。加入2大匙水後蓋上鍋蓋，蒸煮約1分鐘後，先取出備用。
4. 拭淨平底鍋，加熱1大匙橄欖油，放入2的蝦仁拌炒。拌炒至蝦仁變色後，放回蘆筍，撒上酒，用1/3小匙鹽、胡椒調味。（大庭）

醣含量 4.2g

memo

蘆筍添加少量的水，蓋上鍋蓋蒸煮，可以省下預先燙煮的步驟，也不會流失美味及甜度。

memo

鯖魚不僅有蛋白質，脂肪中還含有能使血液順暢的EPA、DHA。具極高的健康價值，可積極攝取的食材。

使用常備商品中最經典的鯖魚罐頭。
混合青椒，也可添加辣味

蒜炒鯖魚水煮罐頭和青椒

材料（1人份）

- 鯖魚的水煮罐頭 —— 1/2罐
- 青椒 —— 2個
- 大蒜（切成薄片） —— 1/2瓣
- 紅辣椒（切成小圈狀） —— 少許
- 鹽、胡椒 —— 各少許
- 橄欖油 —— 1小匙

製作方法

1. 青椒切成滾刀塊。鯖魚瀝去水煮罐頭的湯汁。
2. 在平底鍋中加熱橄欖油，放入青椒、大蒜、紅辣椒拌炒。
3. 加入水煮鯖魚罐頭混合拌炒，撒上鹽、胡椒調味。

（岩崎）

使用味噌鯖魚罐頭，迅速即可完成。
無法外出購物時的方便菜色

茄子拌炒味噌鯖魚

材料（1人份）

味噌鯖魚罐頭	1/2罐（70g）
茄子	1個
蔥	1/4根
醬油	1/2小匙
芝麻油	1小匙

製作方法

1 茄子縱向對半分切，再斜向片切。蔥斜切成段。

2 在平底鍋中加熱芝麻油，放入 ***1*** 拌炒。

3 加入味噌鯖魚、罐頭湯汁2小匙、醬油，混合拌炒。盛盤，依個人喜好撒上七味粉。　（岩崎）

醣含量
8.5g

memo

味噌鯖魚罐頭已經調味完成，因此不再需要調味料。蔬菜也可以添加豆芽菜、菇類等，加入豆腐、油豆腐、裙帶菜都很美味。

memo

也可以用富含維生素C、β-胡蘿蔔素的蘿蔔嬰或芽菜來取代小番茄。

不需要使用刀具也毋需事前預備。
只要拌炒就能完成

蛋炒絞肉與豆芽菜

材料(1人份)

豬絞肉	50g
雞蛋	1個
豆芽菜	1/2袋
小番茄	5個
Ⓐ 醬油	1小匙
Ⓐ 鹽	1/6小匙
Ⓐ 胡椒	少許
橄欖油	1小匙

製作方法

1 雞蛋敲開攪散。

2 在平底鍋中加熱橄欖油，拌炒絞肉。拌炒至呈鬆散狀後，依序放入小番茄、豆芽菜混合拌炒，加入Ⓐ混拌。

3 將雞蛋圈狀澆淋至鍋中，全體混合拌炒。 (岩崎)

建議可以作為配菜或製作好備用。
豆製品和鮪魚的甜鹹拌炒

油豆腐炒腰果

材料(2人份)

- 油豆腐 —— 1片(250g)
- 腰果(原味烘烤) —— 40g
- 青椒 —— 2個
- 蒜泥 —— 1小匙
- Ⓐ
  - 味醂 —— 2大匙
  - 醬油、酒 —— 各1大匙
  - 太白粉 —— 1小匙
  - 雞高湯粉 —— 1/4小匙
- 橄欖油 —— 1大匙

製作方法

1. 油豆腐放在濾網上，用熱水澆淋數次以除去油脂，切成2cm方塊。
2. 青椒縱向對半分切，再切成2cm塊狀。
3. 在平底鍋中加熱橄欖油、蒜泥，用小火加熱至產生香氣後，加入1，用中火邊翻動邊煎。
4. 加入2、腰果拌炒，待食材沾裹油脂後，加入Ⓐ混合拌炒。

(吉田)

memo

豆製品的蛋白質含量雖然是肉類或魚類的1/3，但價格便宜，因此作為配菜搭配肉或魚類料理，就能輕鬆地攝取到足夠的蛋白質了。

醣含量 12.1g

迅速地汆燙豬肉和生菜
用醬油風味的醬汁混拌

汆燙豬肉水菜沙拉

memo

提到能攝取到蛋白質的沙拉，最經典的就是涮豬肉＆新鮮蔬菜的組合。蔬菜還能使用番茄、萵苣替換。油脂則建議使用含有豐富 Omega 3類的亞麻仁油或紫蘇油。

材料（1人份）

- 豬里脊薄片（涮涮鍋用）……100g
- 水菜……100g
- 洋蔥……1/4個
- Ⓐ
  - 亞麻仁油（或紫蘇油）……1又1/2大匙
  - 醋、淡醬油……各1大匙
  - 胡椒……少許

製作方法

1. 水菜切成3～4cm長。洋蔥切成薄片。水菜與洋蔥先用冷水浸泡沖洗3～4分鐘，用濾網瀝去水份。
2. 在鍋中煮沸熱水，待沸騰後轉為小火，豬肉一片片地攤開放入鍋中汆燙（避免熱水溫度降低，一次只放2～3片）。待肉變色後取出放在方型淺盤上，冷卻，切成3cm寬。
3. 混合Ⓐ，用攪拌器攪拌，製作醬汁。
4. 將*1*的蔬菜、*2*盛盤，澆淋醬汁。　（大庭）

醣含量
3.6g

memo
若沒有磨缽，豆腐用叉子等搗碎成滑順狀態後，混拌製作也OK。

豆腐磨搗成滑順狀
與蔬菜、鮪魚涼拌成的和風沙拉

山茼蒿鮪魚的白芝麻沙拉

材料（2人份）

材料	份量
木綿豆腐	1塊
鮪魚罐頭	1小罐（70g）
山茼蒿	1把
Ⓐ 白芝麻醬	2大匙
Ⓐ 美乃滋（或亞麻仁油、紫蘇油）	2大匙
Ⓐ 醬油	1小匙
Ⓐ 鹽、胡椒	各少許

製作方法

1 摘下山茼蒿的葉片。瀝去鮪魚罐頭的湯汁。

2 在鍋中煮沸熱水，放入搗碎的豆腐，迅速汆燙。用濾網撈出冷卻備用。

3 在鍋中煮沸熱水加入少許鹽（分量外），燙煮山茼蒿莖，再過冷水。接著迅速汆燙山茼蒿葉，過冷水。擰乾水份，莖切成3cm長，葉片切成2～3cm長。

4 將**2**的豆腐放入磨缽中研磨至呈滑順狀，加入Ⓐ混拌，再加入**3**的山茼蒿、鮪魚混拌。　（大庭）

用平底鍋蒸煮鮭魚和高麗菜
澆淋上鹽、油、檸檬汁

高麗菜佐
鹽漬鮭魚熱沙拉

使用含
OMEGA 3類
油脂的醬汁
沙拉

材料（2人份）

淺漬鹽鮭 ―― 2片
高麗菜 ―― 1/3個（400g）
- Ⓐ
  - 月桂葉 ―― 1片
  - 粒狀黑胡椒 ―― 4～5粒
  - 白酒 ―― 2大匙
  - 水 ―― 100ml

鹽 ―― 1/3～1/2小匙
橄欖油（或是亞麻仁油、紫蘇油） ―― 2大匙
檸檬（切成半月狀） ―― 2片

製作方法

1 高麗菜去芯，切成5～6cm的塊狀。鮭魚對半分切。

2 將高麗菜舖放在平底鍋中，再排放鮭魚，加入Ⓐ，用大火加熱。加熱至沸騰後，蓋上鍋蓋用中火燜蒸10分鐘。

3 完成後撒上鹽，澆淋橄欖油，盛盤。佐以檸檬，食用前擠上檸檬汁。（大庭）

memo
高麗菜等葉菜類蔬菜加熱時，體積會瞬間減少，因此意外地可以吃很多。也可以使用茼苣、菠菜等替換。

醣含量
6.9g

涼拌高麗菜(Coleslaw)的變化版。
也可以事先作好備用

紫高麗菜鮪魚沙拉

材料(1人份)

鮪魚罐頭 —— 1小罐(80g)
紫高麗菜 —— 1/8個

Ⓐ
- 橄欖油(或是亞麻仁油、紫蘇油) —— 1大匙
- 黃芥末 —— 1小匙
- 鹽 —— 2小撮
- 胡椒 —— 少許

製作方法

1. 紫高麗菜切成細絲。鮪魚罐頭瀝去湯汁。
2. 在缽盆中放入Ⓐ，充分混拌，加入紫高麗菜、鮪魚仔細拌均勻。 (平岡)

memo

紫高麗菜的紫色是花色素苷(Anthocyanin)，具有抗氧化作用。花色素苷是水溶性的，因此要注意切成絲後不要長時間浸泡在水中。

酪梨的黏稠口感很適合搭配鮭魚。
也很適合當作下酒菜

涼拌鮭魚酪梨沙拉

使用含 OMEGA 3類油脂的醬汁 **沙拉**

材料（方便製作的份量・2人份）

- 鮭魚（生魚片用）——1條（250g）
- 酪梨——1個
- 蛋黃——1個
- Ⓐ 橄欖油（或是亞麻仁油、紫蘇油）——1大匙
- Ⓐ 醬油——1～2小匙
- Ⓐ 鹽、胡椒——各少許

製作方法

1. 鮭魚切成1.5cm的方塊。
2. 酪梨縱向劃入一圈，對半扭轉分開，去皮去籽。果肉切成1.5cm的方塊，若有可澆淋少許檸檬汁。
3. 在缽盆中放入鮭魚、酪梨、Ⓐ混拌，盛盤，以打散的蛋黃作為醬汁。（平岡）

memo

酪梨是低醣類且具份量的食材，富含食物纖維、維生素E，是減醣料理中的人氣材料。除了鮭魚之外，用鮪魚的生魚片製作也很美味。

醣含量 1.4g

memo

本來使用的是山羊奶製作的菲達起司，在此改以茅屋起司（cottage cheese）。藉由添加起司，能補充蛋白質與鈣質。

沙拉中添加起司製作的希臘風格沙拉
簡單就能加以搭配變化

希臘沙拉

材料（方便製作的份量・2人份）

材料	份量
燙煮章魚（略小的章魚腳）	2根
燙煮蝦仁	8隻
番茄	1個
小黃瓜	1根
茅屋起司	3大匙
Ⓐ 橄欖油（或是亞麻仁油、紫蘇油）	2大匙
Ⓐ 檸檬汁	1大匙
Ⓐ 鹽、胡椒	各少許

製作方法

1. 番茄、小黃瓜切成1cm的方塊。
2. 章魚切成略小的滾刀塊。蝦仁若是大隻就對半分切。
3. 在缽盆中放入1、2，加入充分混拌的Ⓐ，拌勻。加入茅屋起司，粗略使其均勻混合。　（平岡）

蔬菜每天攝取350g以上。一鍋煮能大量享用

1天攝取的食物纖維量是17～20g

混合蔬菜、菇類、海藻，達到350g以上的目標。

有意識地攝取顏色深濃的蔬菜，確保能攝取維生素C或β-胡蘿蔔素等維生素。

＊南瓜的醣類含量較高要多注意

蔬菜350g約多少呢？

蔬菜合計350g（食物纖維量約11g）

高麗菜→2～3片 110g

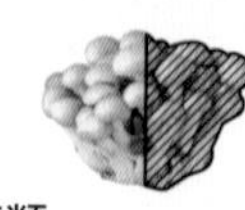
菇類→1/2包 50g

菠菜→1/3把 70g

韭菜→1/3把 30g

綠花椰菜→1/3個 60g

秋葵→3根 30g

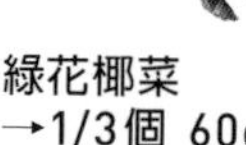

1天攝取的蔬菜量，根據厚生勞働省推廣的打造健康運動「健康日本21」，推薦350g以上。而且厚生勞働省日本人餐食攝取標準（2020年版）當中，食物纖維的攝取目標，男性是1天20g、女性是17g。

蔬菜因體積較膨大，沙拉等生食無法食用太大量，所以汆燙或烹煮等加熱也可以。

但是減醣時，餐食攝取的中心都是肉類或魚類等蛋白質來源，過度思考蔬菜＝健康的同時，也要注意避免減少蛋白質的攝取。

用鹽昆布醬汁來計算

memo

醬汁也可以使用市售品，但大多是甜口的調味。建議可以自己作，能抑制醣類含量，也不會膩。

涮豬肉的話，
就算不擅長料理也不會失敗

涮豬肉

材料(1～2人份)

豬肉薄片(涮涮鍋用)——200g
菇類(喜好的種類)——60g
豆芽菜——1/2袋
萵苣——4～6片
A 水——600ml
A 和風高湯粉——1/2小匙

製作方法

1 菇類切成方便食用的大小，萵苣用手撕成一口大小。

2 在鍋中放入A加熱，煮至沸騰後轉為小火，放入豬肉、1、豆芽菜，迅速燙煮取出，蘸取下列的醬汁食用。 (吉田)

鹽昆布醬汁
醣含量※ 1.6g

混拌鹽昆布6～7g、溫水40ml、芝麻油1小匙、辣油少許。

洋蔥薑汁
醣含量※ 6.6g

洋蔥1/4個切成粗粒，放入耐熱缽盆中，不覆蓋保鮮膜地用微波爐(600W)加熱2分鐘。加入1小匙薑泥、酸橙醋醬油2～3大匙混拌。

芝麻醬汁
醣含量※ 2.6g

混拌炒香的白芝麻1又1/2大匙、美乃滋1大匙、醬油、醋各1/2大匙。

※醬料的含醣量也已計算入內

雞肉丸子即使不是圓的也OK！
只要用湯匙舀起放入即可

鹽味雞肉丸鍋

材料（1～2人份）

- 雞絞肉 …… 200g
- 鹽 …… 1/4小匙
- Ⓐ
  - 干貝挑散的貝柱（罐裝） …… 1罐（40g）
  - 蔥（切碎） …… 10cm長
  - 酒 …… 1小匙
- 木綿豆腐 …… 1/4塊
- 高麗菜 …… 3～4片
- Ⓑ
  - 水 …… 400ml
  - 干貝罐頭的湯汁 …… 1罐（30g）
  - 薑（切絲） …… 15g
  - 酒 …… 1大匙
  - 鹽 …… 2/3小匙

製作方法

1. 在缽盆中放入雞絞肉、鹽，揉和混拌，待產生黏性後加入Ⓐ，再繼續揉和混拌。
2. 豆腐切成2cm的塊狀，用廚房紙巾包覆瀝乾水份。高麗菜粗略分切。
3. 在鍋中放入Ⓑ加熱。煮至沸騰後，用湯匙舀起*1*成為球狀放入鍋中，蓋上鍋蓋煮1～2分鐘。
4. 加入豆腐、高麗菜，再煮2～3分鐘，從煮熟的食材開始享用。 （吉田）

醣含量
5.1g

memo

鍋中放入大量的薑絲。薑含有的辛辣成分，薑醇（gingerol）藉由加熱變化成薑烯酚（Shogaol），具有使身體由內發熱的效果。

一鍋煮的經典
多下點工夫在煮汁中添加豆漿

豆漿雞肉鍋

材料(1～2人份)

- 雞腿肉 —— 1片(250g)
- 白菜 —— 150g
- 蔥 —— 1/3根
- 水菜 —— 50g
- 豆漿(調製) —— 150ml
- Ⓐ
  - 水 —— 150ml
  - 酒 —— 3大匙
  - 濃縮雞高湯、鹽 —— 各1/2小匙

製作方法

1. 雞肉分切成6～8等份，方便食用的大小，撒上鹽1小撮(分量外)。
2. 白菜梗斜向片切，葉片粗略分切。蔥斜切成1cm厚的片狀。水菜切成3～4cm的長段。
3. 在鍋中放入Ⓐ加熱，煮至沸騰後放入雞肉，煮至3～4分鐘至全熟。
4. 加入白菜、蔥、豆漿，白菜煮約2～3分鐘至熟透。加入水菜，從煮熟的食材開始食用。

(吉田)

memo

豆漿是低醣類，有豐富的蛋白質、鐵質、維生素B群等。可依個人喜好選用調整或無調整的，哪種都可以，但調整過的豆漿在加熱時比較不容易產生分離狀況。

醣含量
6.6g

memo

相較於加熱蘿蔔，新鮮蘿蔔比較不會損及辛辣成分或維生素C。蘿蔔建議保留口感地略燙熟的程度即可。

蘿蔔用刮皮刀刨成薄片。
櫛瓜和紅蘿蔔也可以同樣地製作

薄片蘿蔔豬肉鍋

材料（1～2人份）

材料	份量
豬五花薄片	200g
蘿蔔	1/3根（200g）
西洋菜	1/2把
薑泥、蒜泥	各1小匙
A 酒、醬油	各1大匙
A 和風高湯粉、鹽	各1/2小匙
黑胡椒	少許
芝麻油	1小匙
水	400ml

製作方法

1. 豬肉切成5cm寬。蘿蔔用刮皮刀刨成細長的緞帶狀。西洋菜切成方便食用的長度。
2. 在鍋中放入芝麻油、薑泥、蒜泥，用小火加熱，散發香氣後加入豬肉以中火拌炒。變色後加入400ml的水，用大火煮至沸騰，撈除浮渣。
3. 加入A混拌，擺放蘿蔔、西洋菜，撒上胡椒。蘿蔔和西洋菜煮熟後就可以食用了。

（吉田）

任何海鮮都可以加入
蛋黃也可以搭配著享用

韓式海鮮泡菜鍋

材料(2人份)

蝦子	4隻
水煮干貝	2個
鱈魚	1片
木綿豆腐	1/3塊
韭菜	1/3把
白菜泡菜	100g
Ⓐ 水	200ml
Ⓐ 醬油、酒、芝麻油	各1小匙
Ⓐ 濃縮雞高湯	略少於1小匙

製作方法

1 蝦子去殼，除去背部腸泥。鱈魚撒上少許鹽（分量外）靜置10分鐘，拭去水份後切成一口大小。豆腐切成方便食用的大小。韭菜切成3～4cm長段。

2 在鍋中放入Ⓐ，用大火加熱，煮至沸騰後，轉為中火加入泡菜混拌。

3 放入蝦子、干貝、鱈魚、豆腐烹煮。再次煮至沸騰後，加入韭菜，略煮後即可食用。（吉田）

memo

泡菜可以取代調味，也是蔬菜，可說是一舉兩得。只是市售的泡菜很多是帶著甜味的，所以購買時請先確認標示。

醣含量
5.1g

memo

蔬菜，同時使用菜葉顏色淺（高麗菜、白菜等），和顏色深濃（韭菜、水菜、小松菜等），看起來吃起來都更均衡美味。

涮涮鍋的薄肉片＋喜好慣用的蔬菜
就是滿足又吃不膩的一鍋煮

手撕高麗菜常夜鍋

材料（1人份）

材料	份量
豬薄切肉片（涮涮鍋用）	80g
高麗菜	3片
韭菜	1/2把
酒	1大匙
酸橙醋醬油	適量
水	600ml

製作方法

1 高麗菜撕成略大的形狀。韭菜切成3～4等分的長段。

2 在砂鍋中放入水600ml、酒，用大火加熱，煮至沸騰後，加入高麗菜，轉為中火。

3 再次煮至沸騰，加入攤開的豬肉片，擺放韭菜烹煮。沾酸橙醋醬油食用。（岩崎）

豬肉的美味和豆漿的柔和風味十分合拍。
水菜也可用小松菜來代替

豬肉豆漿鍋

memo

菇類含有大量美味成分鳥苷酸（Guanosine monophosphate），因此加入鍋中會充分釋出高湯。水菜除了有維生素C，還有豐富的鈣質等礦物質。

材料(1～2人份)

材料	份量
豬薄切肉片(涮涮鍋用)	160g
金針菇	150g
水菜	150g
豆漿(無調整)	200ml
高湯	200ml
Ⓐ 醬油、味醂	各1小匙
Ⓐ 鹽	1/2小匙

製作方法

1. 金針菇切去底部，剝散。水菜切成5～6cm長。豬肉切成一口大小。
2. 在鍋中放入高湯用大火加熱，煮至沸騰後，放入豆漿、Ⓐ，以中火加熱。
3. 再次煮至沸騰，依序放入豬肉、金針菇、水菜，煮熟後就可以食用了。（田口）

添加紅蘿蔔和牛蒡的切塊蔬菜。
以味噌調味滋味更濃郁

鮭魚蔬菜石狩風味鍋

材料(2人份)

新鮮鮭魚	2片
根莖類切塊蔬菜(市售)	200g
高湯	500ml
味噌	2大匙
味醂	1大匙
青蔥(切成小圓片)	適量

製作方法

1 鮭魚1片切成3～4等分。

2 在鍋中放入切塊蔬菜和高湯，用大火加熱。煮至沸騰後放入鮭魚、味醂，用中火加熱，加入味噌攪散溶化。鮭魚煮熟，根莖蔬菜煮至變軟。

3 盛盤，撒上青蔥。 (牧野)

memo

鮭魚的脂肪中富含具順暢血液效果的EPA、DHA。並且鮭魚的蝦紅素(Astaxanthin)具有抗氧化及抗發炎的作用。

醣含量
14.8g

添加高麗菜、韭菜和紅蘿蔔
使用了拌炒用的切塊蔬菜

番茄燉煮雞肉蔬菜

材料（2人份）

雞腿肉（去皮）——160g
拌炒用切片蔬菜（市售）——1袋（200g）
大蒜（拍碎）——1瓣
鹽、粗碾黑胡椒、麵粉——各適量
Ⓐ 番茄罐頭——1/2罐
Ⓐ 番茄醬——1大匙
Ⓐ 粒狀高湯粉——1小匙
橄欖油——1/2大匙

製作方法

1 雞肉斜向片切成方便食用的大小，各撒上少許的鹽、胡椒，薄薄撒上麵粉。

2 在平底鍋中加熱橄欖油和大蒜，用小火加熱。待散發香氣後加入雞肉，用中火煎至兩面呈金黃色澤。

3 加入切片蔬菜拌炒，待蔬菜變軟後，加入Ⓐ。用較小的中火燉煮至湯汁變少，用鹽、胡椒調味。　（牧野）

memo

番茄的紅色素茄紅素，因具有強烈抗氧化作用而受到矚目。能罐裝保存且茄紅素的量比新鮮的番茄更多，建議使用。

醣含量
15.6g

memo

一鍋煮料理中經常使用的涮涮鍋豬肉片。若是用里脊或五花等含有脂肪的部位會比較柔軟。一旦過度加熱，就會變硬，當豬肉變色後就可起鍋了。

簡單地用鹽調味。
大蒜和檸檬能提香

鹽味涮豬肉蔬菜鍋

材料（2人份）

- 豬薄切肉片（涮涮鍋用）——150g
- 拌炒用切片蔬菜（市售）——1袋（200g）
- Ⓐ
  - 水——800ml
  - 酒——50ml
  - 大蒜（薄切片）——1瓣
  - 濃縮雞高湯——1大匙
- 檸檬（月牙狀）——2片

製作方法

1. 在鍋中放入Ⓐ，用大火加熱。
2. 煮至沸騰後，放入切片蔬菜、豬肉加熱，待豬肉煮熟，蔬菜煮至喜好的硬度，佐以檸檬享用。（田口）

切成細絲的高麗菜煮熟後打入雞蛋，
煮至喜好的硬度

高麗菜滑蛋咖哩湯

材料（2人份）

雞蛋	2個
高麗菜絲（市售）	1袋（200g）
A 水	600ml
A 粒狀高湯粉	2小匙
咖哩粉	1/2小匙
橄欖油	1小匙

製作方法

1 在鍋中放入橄欖油、咖哩粉，用小火加熱至散發香氣後，放入高麗菜，以較小的中火拌炒。

2 待高麗菜變軟後，加入Ⓐ，以中火加熱，煮至沸騰後，打入雞蛋，煮成個人喜好的熟度。（牧野）

memo

市售的高麗菜絲除了可以生食之外，也建議可以用於加熱烹調。也可用於拌炒、湯品或作為味噌湯的食材、做成高麗菜絲窩蛋（p.70）等，用途廣泛。

醣含量
4.9g

利用增加體積&替代&變化調味大幅降低醣類含量

因為低醣而減少米飯雖然能夠理解，但實際上是否也有不少人，會因米飯比想像中少而倍感挫折呢？在此介紹份量十足，但醣類又能減少的增加體積技巧。利用這個方法，不過度勉強地減少米飯分量吧。

此外，也介紹將薯類、麵類、使用麵粉的咖哩塊等高醣類食材，用低醣類食材替代的烹調方法。同時也能確實攝取蛋白質食材及蔬菜，可以很有飽足感。

1天的醣類含量在130g以下　以世界共同認定的減醣基準為參考標準

↓

1餐的醣類含量在40～50g以下

↓

吃米飯時需要注意的事

飯碗1碗（150g）	飯碗2/3碗（100g）	飯碗1/2碗（75g）
醣類含量55.3g	醣類含量36.8g	醣類含量27.6g
✕ 醣類過量	○ 減少菜餚中的醣類含量	◎ 菜餚可以有寬鬆的醣類含量

這樣的程度很好！

白米飯
飯碗1/2碗（75g）
醣類含量27.6g

增量米飯
（裙帶菜、銀魚和大豆的拌飯）
（約140g）
醣類含量30g

減少醣類的方法

1 **增加體積**　米飯中混拌低醣類的食材等，使體積增加

2 **替代**　用蒟蒻絲取代麵等，不使用高醣類食材

3 **變化調味**　砂糖和醬油的調味改以鹽調味等，改變調味

memo

蒟蒻絲有獨特的氣味，因此不要忘了先進行燙煮或用熱水沖洗等預備作業。切碎後和米飯一起混拌，可以沒有違和感地完全融合食用。

利用菇類和蒟蒻絲增量，米飯的量1餐是50g！

豬肉、蒟蒻絲、金針菇炒飯

材料（2人份）

- 熱米飯——2/3碗（100g）
- 豬里脊薄切肉片——100g
- 金針菇——1袋（100g）
- 蒟蒻絲——100g
- 雞蛋——2個
- 薑（切碎）——1小匙
- 芝麻油——1又1/2大匙
- 醬油——1大匙
- 鹽、胡椒——各適量

製作方法

1. 豬肉、金針菇各別切成1cm長。蒟蒻絲用溫水揉搓洗淨，切碎。雞蛋敲開攪散，加入鹽、胡椒混拌。
2. 在平底鍋中乾炒蒟蒻絲，拌炒至水份揮發變得乾燥鬆散後取出。
3. 在同一個平底鍋中加入1大匙芝麻油，用大火加熱，加入蛋液，大動作劃圈地加熱至半熟，取出。
4. 在同一個平底鍋中放入1/2大匙芝麻油和薑末加熱，拌炒豬肉。拌炒至豬肉變色後，加入金針菇、米飯，混合拌炒。
5. 加入**2**、**3**再繼續拌炒，用醬油調味。盛盤，依個好擺放斜切成薄片的青蔥。

（吉田）

長條塊狀培根和
菇類一起炊煮

培根洋菇的手抓風味飯

減少米飯，
增加低醣類的食材
增加體積

材料(4餐份)

- 米——180ml（150g）
- 培根(盡量以塊狀)——60g
- 洋菇——5～6個(50g)
- A 酒(或白葡萄酒)——1大匙
- A 橄欖油——1/2大匙
- A 粒狀高湯粉——1/4小匙
- 西洋菜——5～6根

製作方法

1 洗米放入電鍋的內鍋中，加入160ml的水。

2 培根切成長條塊狀。洋菇切成4等分。

3 在平底鍋中用小火香煎培根，加入洋菇繼續拌炒。

4 在**1**中加入A混拌，擺放**3**，進行炊煮。

5 完成時，加入摘下的西洋菜葉，由底部翻起地混拌。

（吉田）

memo

烹調炊飯時，食材儘可能切成大塊，可以增加食用的口感，藉以補足米飯的少量。除了洋菇外，用鴻禧菇或杏鮑菇也很好吃。

醣含量
29.2g

竹筍切成大塊，
可以增加體積又能增添咀嚼口感

羊栖菜
竹筍什錦炊飯

材料（4餐份）

- 米——180ml（150g）
- 羊栖菜（乾燥）——5g
- 水煮竹筍——50～60g
- 炸豆腐皮——1片（25g）
- Ⓐ 醬油、味醂——各1又1/2大匙
- Ⓐ 日式高湯粉——1/2小匙

製作方法

1 洗米放入電鍋的內鍋中，加入140ml的水。

2 羊栖菜泡入大量水中，浸泡20分鐘左右還原，確實瀝乾水份。竹筍切成略大的一口大小，再切成3～4mm的薄片，迅速汆燙後用濾網撈起。炸豆腐皮放入濾網中，用熱水澆淋，縱向對切後，再切成1cm寬。

3 在*1*中加入Ⓐ混拌，擺放*2*，進行炊煮。

4 完成時，由底部翻起地混拌。 （吉田）

memo

羊栖菜用水還原後，約是原來的10倍重。羊栖菜芽比較短，更能與米飯融合。

醣含量
33g

以大豆、海藻增量。
用油脂拌炒的食材與煮好的米飯一起混拌

海帶芽小銀魚大豆拌飯

memo

多種食材一起烹煮是重點。因大豆、海藻類等是低醣類食材，又能搭配米飯，無論哪一種都富含食物纖維，因此也能延續飽足感。

材料（4餐份）

- 米——180ml（150g）
- 水煮大豆（罐裝或殺菌密封包）——100g
- 切開的裙帶菜——3g
- 小銀魚乾——30g
- 鹽——1/3小匙
- 芝麻油——1/2大匙

製作方法

1. 洗米放入電鍋的內鍋中，加入180ml的水浸泡30分鐘。加鹽，進行炊煮。
2. 裙帶菜浸泡在大量水中4～5分鐘還原，瀝乾水份。瀝去大豆湯汁。
3. 在平底鍋中加熱芝麻油，放入**2**拌炒約3分鐘。
4. 在**1**完成炊煮後，加入**3**、小銀魚乾，由底部開始翻起米飯混拌。

（吉田）

蓮藕的口感、梅子的酸味
利用起司的濃郁，即使米飯較少也能吃出滿足的滋味

蓮藕梅味起司飯

材料（4餐份）

米……180ml（150g）
蓮藕……50g
醃梅（除去梅籽）……1個
奶油起司……2個（1個18g）
柴魚片……1包（4.5g）
鹽……1小撮

製作方法

1 洗米放入電鍋的內鍋中，加入180ml的水浸泡30分鐘。加鹽，進行炊煮。

2 蓮藕切成5mm厚的扇形，浸泡在添加少量醋（分量外）的水中，約5分鐘，瀝乾水份。

3 在1完成炊煮後，加入蓮藕蓋上鍋蓋，燜蒸10分鐘。

4 醃梅、撕成小塊的起司加入3。加入柴魚片，由底部開始翻起米飯混拌。盛入碗中，依個人喜好擺放切成細絲的青紫蘇葉（分量外）。（吉田）

memo

除了蓮藕，也可以用牛蒡、蘿蔔。根莖類相較於葉菜類的含醣量較高，但食物纖維豐富具嚼感，也是適合增量的食材。

醣含量
31.0g

義大利麵等碳水化合物，可使用豆腐來取代。
利用大量起司呈現美味

豆腐雞胸肉的番茄醬焗烤

薯類、麵粉製品等用低醣食材**替代**

材料（2人份）

木綿豆腐	1塊
雞胸肉	100g
鴻禧菇	80g
披薩用起司	40g
洋蔥（切碎）	1/4個
大蒜（切碎）	1/4瓣
番茄罐頭（切塊）	1/2罐
鹽、胡椒	各適量
橄欖油	2小匙

製作方法

1. 豆腐用廚房紙巾包覆，重壓釋出水份。
2. 在鍋中放入1小匙橄欖油、大蒜加熱，散發香氣後加入洋蔥拌炒。加入番茄、鹽、胡椒各少許，煮至沸騰後轉為小火，蓋上鍋蓋，煮4～5分鐘。
3. 豆腐切成6等分。鴻禧菇分成小株。雞胸肉斜向片切成8mm厚的片狀，撒上1/5小匙的鹽、少許胡椒。
4. 在平底鍋中加熱1小匙橄欖油，排放豆腐和雞肉，煎至兩面略呈金黃色澤。
5. 將**4**排放在耐熱皿上，擺放鴻禧菇，澆淋**2**的醬汁再撒上起司。以230°C預熱的烤箱烘烤約10分鐘。（岩﨑）

memo

豆腐可換成油豆腐，能更增添口感。用白花椰菜、綠花椰菜、茄子等蔬菜替代時，則可以增加維生素C和食物纖維的攝取。

醣含量 7.9g

酪梨一旦加熱會變得黏稠柔軟，
因此邊搗碎邊食用吧

鮭魚酪梨的番茄起司燒

memo

酪梨的醣類含量低，維生素C、維生素E、優質脂質、食物纖維都很豐富，是高營養價值的食材。食物纖維1個就能達成1天1/2的目標分量。

材料（2人份）

新鮮鮭魚	2片（160g）
酪梨	1個
番茄	1個
Ⓐ 鹽麴	2小匙
Ⓐ 醬油	1小匙
披薩用起司	30g
粗碾黑胡椒	少許

製作方法

1 鮭魚用廚房紙巾充分拭去水份，斜向片切。放入塑膠袋內，加入Ⓐ，從塑膠袋表面輕輕揉搓，並靜置20分鐘以上。

2 酪梨縱向劃開，分成二半，除去籽和皮，橫向切成1mm。番茄切成7～8mm的半月狀。

3 在耐熱皿上刷塗油脂（分量外），排放*1*和*2*，擺放起司。撒上胡椒，用烤箱烤熟鮭魚，約10～15分鐘（過程中避免烤焦地覆蓋鋁箔紙）。（金丸）

滑順的蒟蒻絲口感，
可以用來取代麵條

蒟蒻絲的醬汁炒麵

memo

蒟蒻絲100g醣類含量0.1g。不易被消化、會吸收腸胃道的水份膨脹起來，形成滿滿的飽足感。只是不好消化，因此必須仔細咀嚼。預先燙煮就能和緩蒟蒻絲特有的氣味。

材料(1人份)

- 蒟蒻絲……200g
- 豬碎肉片……50g
- 高麗菜……50g
- 紅蘿蔔……20g
- 豆芽菜……50g
- Ⓐ
  - 中濃醬汁……1.5大匙
  - 醬油……1小匙
  - 鹽、胡椒……各少許
- 沙拉油……1小匙
- 青海苔……少許
- 醃紅薑……適量

製作方法

1. 蒟蒻絲燙煮後，確實瀝乾水份。切成中式炒麵般容易食用的長度。
2. 高麗菜切成3cm的塊狀，紅蘿蔔切成細絲。豆芽菜如果有空就摘除鬚根。
3. 在平底鍋中放入*1*乾炒，拌炒至水份揮發，產生彈力後取出備用。
4. 在同一平底鍋中放入沙拉油加熱，依序放入豬肉、高麗菜、紅蘿蔔、豆芽菜，拌炒。待蔬菜變軟後，將*3*放回鍋中，以Ⓐ調味。
5. 盛盤，撒上青海苔，搭配醃紅薑。 (牛尾)

醣含量
2.8g

10個的量

memo
與一般的餃子不同，肉餡只用薄切肉片和青紫蘇包捲，所以比起用餃子皮包更簡單。因為已經調味，所以直接食用就很美味，作為便當菜也非常棒。

用涮涮鍋的肉片和青紫蘇
來取代餃子皮

肉卷＆紫蘇卷餃子

材料（方便製作的份量・20個）

- 豬絞肉——250g
- 豬薄切肉片（涮涮鍋用）——10片
- 青紫蘇——10片
- 韭菜——1/2把
- 蔥——1根
- 薑（切碎）——1小塊
- 蒜泥——1小匙
- Ⓐ
  - 雞蛋——S尺寸1個
  - 芝麻油、醬油——各2大匙
  - 鹽——1/4小匙
  - 胡椒——少許

製作方法

1 韭菜切碎，蔥切成小圓蔥花。

2 在缽盆中放入絞肉、薑、大蒜混拌。加入Ⓐ，攪拌至產生黏性，加入1混拌。

3 整合成一口大小的橢圓形狀，分別用豬肉與青紫蘇包捲起來。

4 在平底鍋中加入油（分量外）以中火加熱，排放3。用中火邊轉動餃子邊煎至表面呈現金黃色澤後，蓋上鍋蓋以小火煎4～5分鐘。（牛尾）

不使用麵粉製作的章魚燒，
利用大量雞蛋，以大和芋作為黏合

章魚燒

薯類、麵粉製品等用低醣食材替代

材料(方便製作的份量·20個)

燙煮的章魚腳——2根
雞蛋——4個
大和芋(山藥)——50g
高湯——100ml
蔥(切碎)——1/2根
醃紅薑(切碎)——2大匙

Ⓐ
青海苔、柴魚片、御好燒醬汁、番茄醬、美乃滋——各適量
＊醬汁和番茄醬選擇低醣種類

Ⓑ
高湯——200ml
醬油——2大匙
鹽——3小撮
青蔥(切成小圓片)——適量

製作方法

1 大和芋磨成泥。章魚切成8mm的塊狀。

2 在缽盆中打入雞蛋攪散，加入大和芋、高湯充分混拌。

3 預熱章魚燒的機器，倒入橄欖油(分量外)。將2的材料倒入，各別放入1塊章魚，撒上大量蔥、醃紅薑。

4 待蛋糊凝固後，用竹籤將周圍材料聚攏，使其邊轉動邊烘煎成圓球形。

5 盛盤，淋上Ⓐ，蘸Ⓑ的高湯食用。 (平岡)

memo
作為黏著的食材，使用黏性較山藥更強的大和芋，比較容易能做出漂亮的圓球形，因此雖然少量仍推薦使用。以雞蛋為主，因此蘸上高湯以類似明石燒的風格來品嚐。

醣含量 5.0g
相對每10個

不使用醬油和砂糖，改用鹽。
清爽的風味很好入口

鹽味壽喜燒

memo

搭配的材料挑選美味成分較多的食材，在煮汁中釋出美味濃郁。牛肉有肌苷酸、白菜和番茄有麩胺酸、菇類有單磷酸鳥苷，非常推薦多吃。

材料（3人份）

牛肉（壽喜燒用）	300g
烤豆腐	1/2塊
蒟蒻絲	1/2袋
蔥	1根
白菜	4片
水芹	1把
番茄	小型1個
舞菇	1株
薑	1/2小塊
Ⓐ 高湯	200～400ml
Ⓐ 酒	50ml
Ⓐ 味醂	1大匙
Ⓐ 鹽	1～2小匙
雞蛋	3個
牛脂	適量

製作方法

1. 豆腐切成6等分，蒟蒻絲切成方便食用的長度。蔥斜向片切，白菜和水芹粗略分切，番茄切成6等分的月牙狀。舞菇分成小株。薑切成細絲。
2. 混合Ⓐ。
3. 加熱鍋子融化牛脂，將*1*、牛肉適量排放，倒入*2*烹煮。取出已經煮熟的食材，沾裹蛋液食用。（平岡）

減醣×輕斷食

減醣實踐者，因執行方法有誤而受挫、
對此抱持著負面印象的人不在少數。
另外，也有很多人覺得早餐不吃對身體不好。
在此，將這樣…沒問題嗎？
這個時候要怎麼做才好？…
種種不安、疑問，
以及經常被詢問的內容匯整結集於此。

Q1

低醣餐食，多油多肉，卡路里攝取不會過多嗎？

請先將攝取卡路里（熱量）與胖瘦無關的想法放入心中。很多人因為減重而對卡路里非常在意，但所謂1kcal（卡路里）的定義就是1g的水升高1度的必要熱量，燃燒測定的食物，量測上升的溫度，以此換算決定出來。

但是，要測定所有的食物不太可能，因此蛋白質和碳水化合物定為4kcal、脂質是9kcal，用計算出的約略數值來標示熱量。

與人體中進行的消化或化謝，完全不同。

想要在飲食生活上進行減醣，也有人會從一直以來的餐食中減去主食，但如此會變成限制熱量，而致使陷入熱量不足的情況。

減醣餐食，減去碳水化合物的部分，要以增加蛋白質來補足是不變的原則。不需要擔心、介意肉類、油脂，因此敬而遠之，反而要請大家積極地攝取。

Q2

低醣餐食，多蛋白質和脂質，不會破壞營養均衡嗎？

提到營養均衡，經常提到「產生熱量營養素的均衡（舊稱：PFC均衡）」。這是指製造出熱量的營養素，蛋白質、脂質和碳水化合物（含乙醇）的比例，總熱量當中，分別以多少百分比標示的比例。各別的目標值是蛋白質13～20％、脂質20～30％、碳水化合物50～65％。

這是用一般健康日本人食用餐食的平均數值，所定義出的「均衡」，實際上並沒有任何科學根據。

真正重要的，是必需營養素到底能攝取到多少。

本書中，建議確實食用肉類、魚類等蛋白質食材。藉由攝取動物性蛋白質來源，可以攝取到的不止是蛋白質，還有脂質、維生素和礦物質。而且，此時不足的維生素C和食物纖維，則以多食用蔬菜來補足這些必需營養素吧。

一旦進行減醣餐食，自然也能達到營養均衡的結果。

Q3

聽說低醣飲食會導致肌肉流失，是真的嗎？

這是錯誤的。

一旦減醣，熱量不足，肌肉將分解以製造熱量是錯誤的認知。確實因醣類新生（19頁）系統，會由蛋白質（氨基酸）等製造出成為熱量來源的葡萄糖，但是否會因此特別分解肌肉，答案是否定的。體內有稱為氨基酸代謝池，其中就已經儲備為了用於醣類新生，而被分解出的氨基酸或分解脂肪的甘油。

但是，錯誤地執行減醣，僅減掉主食，肉類或魚類等蛋白質來源的菜餚也少量，就會因蛋白質不足而減掉肌肉。

本書中，建議體重每1公斤應攝取1.5～1.6g的蛋白質。減醣時確實攝取蛋白質，就不會有肌肉流失的狀況。

Q4

有傳言低醣飲食會破壞身體，體力流失，真相如何？

A

因減醣而破壞身體，造成體力流失，精神不佳的人，幾乎都是用了錯誤的執行方法。主食減少的部分，忘了用蛋白質或脂質來補足。如此熱量不足，當然有陷入營養不足的可能。

長年在卡路里神話的弊病之下，特別是女性，很多人都覺得吃肉會胖、用油也會胖。即使告訴她們是攝取蛋白質沒關係，但細問餐食內容，大概還是蔬菜沙拉搭配雞胸肉或豆腐，加上少量雞蛋的程度，蛋白質和脂質終究不足。

減醣時，因脂質是熱量的來源，因此要確實地攝取。想要利用肉類或魚類中所含的脂質，作為大部分熱量的供給，因此肉類不能只吃雞胸肉，豬或牛肉等含有脂肪的部位也請多加食用。

Q5 聽說會出現焦慮等身體症狀，到底是怎麼回事？

因人而異，有人會產生身體或精神上的變化或不適。

到目前為止，每天餐食都攝取大量醣類的人，很多會陷入中毒性的醣類依存狀況，會焦慮、不安。毫無理由地想吃甜的東西……等等，出現了醣類依存症狀。

通常1～2週大多都可以穩定下來，但據說醣類依存症狀強烈的人，要脫離此症狀的時間也會比較長。

本書中，減醣搭配了不吃早餐的輕斷食，實際上這個輕斷食就是重點，同時具有抑制醣類依存的精神狀況。因為輕斷食，有不可進食的時間，心情上會因此清楚切割，抑制住衝動的食慾或無謂的進食。

而且本書中醣類1天攝取130g以下，較真正嚴格的減醣（60g以內）更為寬鬆，因此也較容易適應執行。

Q6

出現效果需要花多少時間？脂肪是否轉化成可使用的熱量，自己能否判斷呢？

雖然因人而異，但據說快的人在1個月內就可以看出成效。

體重降低、體脂肪減少等，立即可以出現結果就很容易理解，但若非如此，也有很多人會在過程中開始覺得擔心不安，是否真的順利進行吧。

減重是否順利地進行（跳脫醣類依存，成為使用脂肪作為熱量的體質）的一個參考標準，是肚子的飢餓方式，也就是空腹感。

與大量攝取醣類時不同，是和緩可以忍耐的空腹感，做其他的事就可以忘記進食。若達到這樣的狀態，即使體重沒有減輕，不再焦慮就沒有問題。

若體重一直減不下來，可以想想是否已經很瘦卻還想減重，或是原本進食的量太少，身體營養不足等狀況。

Q7

一旦低醣飲食，會擔心是否造成鹽份過度攝取。調味料到底要用哪些才好？

A

不可以攝取過多鹽份。適合白飯或是一般說的下飯，大多是高鹽份調味的菜餚。減醣是優先攝取菜餚，因此調味必須清淡。

並且，一旦持續減醣餐食，會變成排出水份與鹽份的體質，所以也不需要對鹽份過於神經質地在意。已經是高血壓被限制鹽份攝取的人，請先與主治醫生諮詢。

使用的調味料，像砂糖、番茄醬等有甜味的，也要控制使用量。建議以鹽、胡椒為基本進行調味。喜歡和食的人，雖然可以使用醬油、味噌、味醂等，但儘可能從甜的調味畢業吧。人工甘味劑雖然不會使血糖值升高，但有可能會因體內進入甜食，導致胰島素分泌，有可能因此使得分泌節奏大亂，不建議頻繁使用。

Q8

午餐總是外食或吃便利商店。該如何選擇才好？

A

首先外食時，將丼飯、咖哩、義大利麵、披薩、壽司、拉麵、蕎麥麵、烏龍麵等，難以將主食與配菜（食材）分開食用的餐廳，先從備選名單中刪除，選擇有主食和菜餚可選，或是提供定食的餐廳。套餐則是減少米飯，菜餚則以單點方式點餐。

便利商店，幾乎都是飯糰或麵包類等醣類含量高的食物，低醣類含量的商品有限。在此將其區分成「僅購買特定的商品」。建議購買沙拉雞肉、水煮蛋、起司、葉菜類為主的沙拉等。最近便利商店的減醣商品增加了，也可加以活用。

只要看了成分標示就能知道醣類含量。有標示醣類時，一定要確認這個部分。沒有標示時，以碳水化合物、食物纖維的數值為基準，碳水化合物－食物纖維＝醣類含量。食物纖維很微量，因此碳水化合物的數值，也大約可依此做為參考。

Q9

吃點心也可以嗎？若真的肚子很餓該怎麼辦？

A 午餐和晚餐之間，若是肚子餓了，吃點心也沒有關係。堅果類、起司、魷魚、水煮蛋，醣類含量低，便利商店也可以購得，因此推薦使用。堅果類，作為點心每次約以20個為宜，醣類含量是2～3g。杏仁果或核桃、夏威夷果等綜合堅果的組合，就能攝取各式各樣的脂肪酸。一包6片的起司1片，醣類含量是0.2g。水煮蛋1個是0.1g、魷魚是0g。

也有人覺得是低醣就放心頻繁地吃點心，這樣的行為也要避免。攝取蛋白質雖然不會導致血糖上升，但還是會分泌微量的胰島素。若肚子實在太餓時，忍不住就會吃下碳水化合物，所以為了防止這樣的情況，可以適度食用點心，但若是因為覺得嘴饞而不斷地吃零食，會使減醣×輕斷食的效果減半，也會養成無論何時都想吃零食點心的習慣。

紅茶、咖啡、綠茶等不甜的飲料可以自由飲用。與早上的防彈咖啡般，添加脂質也沒有問題，可以消除空腹感又能補充熱量。

Q10

酒也可以喝嗎？

A 喝酒也沒有關係。請選用低醣類含量的酒，威士忌、燒酒、琴酒、伏特加等蒸餾酒不含醣類，屬於零醣類。

飲用方式，請選擇簡單地兌水或蘇打水等。加入果汁或像雞尾酒般添加甜味的方法，請避免使用。

釀造酒雖然醣類含量較高，但葡萄酒相對醣類含量較低，約2杯的程度為宜。啤酒1罐（350ml）醣類含量高居10.9g，因此請選用減醣商品，以500ml的份量為參考標準。日本酒1合枡（180ml）含醣類是6.5g，以此為參考標準。

而且嚴禁過度飲酒，有人覺得蒸餾酒是零醣類，所以安心地過度飲用，但酒精濃度很高，要特別注意。酒類1天的適量，是酒精量20g以內。參考標準是威士忌2盎司1杯、燒酒則是2杯的程度。順道一提日本人約有半數，據說是因人種及遺傳，酒精分解酵素的活性較低，酒量較差。少量飲用時臉和身體都會變紅的人，就是酒精分解較弱的類型，更要加以控制分量。

Q11

平常有進行的運動，低醣飲食時，也可以做嗎？

是，不如說更建議要做。特別適合跑步或馬拉松等，需要體力、又重視持久力的運動。

根據美國康乃狄克大學的Jeff Volek博士在2016年發表的研究，對攝取一般醣類的運動選手10人（高醣類組），和減醣20個月的選手10人（低醣類組）進行比較，結果得知低醣類組的脂肪燃燒率高了2.3倍。即使是相當嚴酷的運動，也能充分地利用脂肪，可以確定在需要追求持久性運動時，非常有利。

有很多人在運動前，為保持體力而攝取大量醣類，但肝糖（glycogen）（醣類熱量的儲備）無法長時間持續，因此會造成熱量急遽降低。

熱量的供給，以脂肪轉換成熱量的脂肪酸－酮體系統，更能穩定供給。

系列名稱／Joy Cooking
書名／「低醣 × 輕斷食」瘦身效果 Double ！
監製／清水泰行
出版者／出版菊文化事業有限公司
發行人／趙天德
總編輯／車東蔚
翻譯／胡家齊
文 編・校 對／編輯部
美編／R.C. Work Shop
地址／台北市雨聲街77號1樓
TEL／(02) 2838-7996
FAX／(02) 2836-0028
初版日期／2021年5月
定價／新台幣350元
ISBN／9789866210778
書號／J143
讀者專線／(02) 2836-0069
www.ecook.com.tw
E-mail／service@ecook.com.tw
劃撥帳號／19260956大境文化事業有限公司

國家圖書館出版品預行編目資料
「低醣 × 輕斷食」
瘦身效果 Double ！
清水泰行 監製；-- 初版 .-- 臺北市
出版菊文化，2021[110] 128面；
15×21公分 .
(Joy Cooking；J143)
ISBN / 9789866210778
1. 減重 2. 健康飲食 3. 食譜
411.94 110004320

STAFF

・封面及內頁
攝影　大井一範
烹調　吉田千穗
設計搭配　宮沢ゆか
・內頁（依五十音順）
〔烹調〕　岩﨑啓子、牛尾理恵、大庭英子、金丸絵里加、田口成子、平岡淳子
〔攝影〕　千葉充、松島均、主婦の友社

裝訂、設計　蓮尾真沙子（tri）
DTP製作　天滿咲江（主婦の友社）
文字編輯　杉岾伸香（營養管理師）
編輯　宮川知子（主婦の友社）

請連結至以下表單填寫讀者回函，將不定期的收到優惠通知。